中学生心灵自助丛书

心灵对话

中学生心理咨询实录（第二版）

高永金　张　瑜◎著

科学出版社

北京

图书在版编目（CIP）数据

心灵对话：中学生心理咨询实录/高永金，张瑜著. —2 版. —北京：科学出版社，2012.5

（中学生心灵自助丛书）

ISBN 978-7-03-034178-5

Ⅰ.①心… Ⅱ.①高…②张… Ⅲ.①中学生－心理健康－健康教育 Ⅳ.①G479

中国版本图书馆 CIP 数据核字（2012）第 081842 号

责任编辑：石 卉 付 艳 侯俊琳 / 责任校对：张怡君
责任印制：徐晓晨 / 封面设计：铭轩堂
编辑部电话：010-64035853
E-mail：houjunlin@mail.sciencep.com

科学出版社 出版
北京东黄城根北街 16 号
邮政编码：100717
http://www.sciencep.com

北京虎彩文化传播有限公司 印刷
科学出版社发行 各地新华书店经销

*

2010 年 4 月第 一 版 开本：B5（720×1000）
2012 年 6 月第 二 版 印张：11 3/4
2018 年 8 月第六次印刷 字数：216 000
定价：48.00 元
（如有印装质量问题，我社负责调换）

谨以此书

献给广大青少年朋友！

丛书序

顾明远

中国著名教育家

中国教育学会会长

北京师范大学资深教授

北京师范大学博士生导师

当前，中学生心理健康问题已被大家所关注。造成中学生心理障碍的原因很多，有来自家庭的原因，也有来自社会的原因。家庭方面，主要是当前独生子女受家庭的宠爱，容易以自我为中心，遇到一些不顺心的事就会郁闷、苦恼；另外，现在的留守儿童由于缺乏父母的关爱也容易养成封闭的性格。来自社会的原因也是多方面的，有时因为现实与自己的理想不同，会使孩子想不通，产生心理障碍；网络媒体也常影响学生的思想情绪；当前学习的竞争更是让学生处在重重压力之下，心情不舒畅、不安宁，终日处于紧张之中。这些都是造成学生心理障碍的因素。

我曾经看到过一篇报道，说一名女学生中考考了 100 分，但回家后大哭一场。妈妈问她考了 100 分为什么还要哭？她说，某某同学也考了 100 分。这种嫉妒心，就是一种心理障碍。还有，某生原来在初中时总是名列前茅，并担任班干部，但高中考上重点学校以后发现许多同学比他还强，也没能当上班干部，心理有失落感，由自信变得自卑，这也是一种心理障碍。中学生处在身心发育的时期，会遇到许多矛盾，特别是在青春期，中学生会有许多困惑，这些困惑和矛盾化解了就能健康地成长，如果不能化解就会积集成疾。因此，对中学生的教育不能只关心他们的学习成绩，更应关心他们的心理健康、人格的养成。教师要关心，家长更要关心。同时，学生也应该有自我控制情绪、调节心理的能力。家长的关心、老师的帮助，也还要通过学生的自我调节才能起作用。因此，帮助学生了解自我、调节自我更重要。

"中学生心灵自助丛书"就是给中学生提供心理健康知识，使其了解自我，学会自我控制、提高自我调节能力的一套好书。此书已经试用多年，受到中学生，甚至教师、家长的欢迎。现在即将再版，作者希望我写几句。我觉得这样的书实在很需要，所以写了几句。是为序。

2012 年 1 月 11 日

前　言

亲爱的中学生朋友，摆在你面前的这本心理健康读本，是"中学生心灵自助丛书"中的第三本。本书记述了我们在中学一线做心理咨询的 25 个典型案例，为了帮助更多的中学生朋友解除成长中类似的困惑，我们将这些案例分类整理，根据案例性质分为青春滋味、成长心事、学海泛舟、人际在线和生活百味五大主题。

本书在写法上突破了传统的心理咨询的个案写法，对咨询过程加以情节化处理，对咨询案例加以散文式描写，文笔生动，见解独到，令人深受启迪。同时，本书还专门针对案例内容绘制了多幅漫画，大大增强了本书的趣味性和直观效果，希望能更符合你们的阅读口味。

在过去的八年里，我们通过心理咨询室的现场咨询、电话咨询、QQ 在线咨询、E-mail 邮件咨询和信件咨询等方式接待了全国各地的中学生朋友近 3000 人次。同学们的困惑主要集中在以下几个方面：学习问题（主要包括学习压力大，考试没考好，上课分心，对学习没有兴趣，没有好的学习方法等）894 例（占 30.22％）；人际交往问题（主要包括与同学、父母和老师的关系问题等）732 例（占 24.75％）；情感问题（主要包括失恋、暗恋和师生恋等）363 例（占 12.27％）；中、高考问题（主要包括考前、考中和考后的困惑等）281 例（占 9.50％）；其他问题 668 例（占 23.26％）。本书中介绍的这 25 个典型案例，就是从这近 3000 个案例中根据同学们困惑的不同类型精选出来，用心撰写而成的。

这本书也许不会给你沉甸甸的思考，但一定会给你恒久的关注。菁菁校园，莘莘学子，是有一些困惑，还是有些危机？这本书愿长时间与你做伴，在清朗的月光下，在静谧的草坪里，在淙淙的小溪边，在漫漫的路途中，和你一起探讨很多很多成长的小秘密。

本着心理咨询与心理治疗的保密性原则，我们对书中所有的人物姓名及一些细节做了处理，但也完全符合咨询时的相处状态。如果哪位读者发现书中人物与你自己及身边的人或事有相关之处，请勿对号入座，更不要张冠李戴。因为，我们在个案撷选时，希望能尽量反映出比较丰富和全面的问题，让关注自身心理健康的同学从中多多少少发现自己的影子，引发同学们的思考，这也是我们出版本书的初衷。

从事中学生心理健康辅导工作八年来，我们已经陆续在《中国教育报》、《现代教育报》、《中国心理卫生杂志》、《中国教师》、《心理与健康》、《大众心理学》、《中小学心理健康教育》、《中小学心理健康导航》、《青少年心理健康》、《教育探索》、《青春期健康》、《高中生》、《高中生之友》、《素质教育》、《广西教育》、《中学文科》、《中学生数理化》和《中学生理科应试》等20多家报刊杂志上发表过80多篇文章，这些文章引起了很多同学的共鸣。我们从几百位同学的来信和来电中获得了许多鼓励与支持，而这也正是支撑我们继续在中学生心理健康教育道路上进行探索和研究的最大动力！因此，无论你是否喜欢这本书，我们都真诚期待你的来信，我们也很乐意接受大家的批评与指正。因为我们明白，同学们是最有发言权的。

路漫漫其修远兮，吾将上下而求索。

高永金　张　瑜

2012 年 1 月

目 录

第一篇

青春滋味

段考过后，豪哥班里转来了一位漂亮的女生，一时间班里所有的男生都沸腾了。豪哥也不例外，他喜欢上了既漂亮又优秀的她，相思的种子在心里慢慢发了芽。他现在从早到晚都在琢磨着怎么能让她搭理自己，以致晚上失眠、白天犯困，恶性循环。为此，他只好求助于心理老师。

01 莫名我就喜欢她

◎ 引言 ◎

一个秋日的晚上，我正独自坐在咨询室内埋头整理着手头上的咨询札记，门突然被轻轻推开，闪进来一个外表高大帅气、表情却略显羞涩的男孩。

"高老师，您有空吗？我想咨询。"

"有啊！请坐！"我热情地接待了他，并立即给他倒了一杯矿泉水。

他站起来接过并连声说："谢谢！"

"你是初二6班的豪哥吧！"

"您怎么知道？"他很惊讶地反问道。

"我给你们上心理课呀，怎么会不认识呢？同学们都叫你豪哥吧！"我笑呵呵地回答道。

"不会吧，没想到我这么一个内向的人，老师您也记得我。"他有些激动地说。

"那当然，老师是很善于观察的。不然怎么做心理老师呢！"

"嗯……"

◎ 我得了失眠症 ◎

"怎么样，遇到了烦恼，是不是？"

"是的。老师，我最近老是失眠，而且很严重，我已经快崩溃了，我觉得自己得了失眠症。现在，白天我经常犯困，上课很难集中注意力、经常分心，学习成绩直线下降，这让我很烦恼，请老师您帮帮我。"他很着急地说道。

"是从什么时候开始失眠的？"

"应该是上周吧！"

"上周发生了什么使你很伤心的事吗？"

"班主任把我们的座位换了，我不想坐现在的这个位子。"

"那你想坐哪里呢？"

"我想坐原来的位子，我不想换座位。"

"你们班主任为什么要换你们的座位呢？"

"因为我的同桌和我前面的同学讲话，影响了课堂秩序，所以班主任就调换我们的座位了。"

"哦，原来是这样，那调了以后，不是更好吗？没人打扰你学习了。"

"不，我喜欢和我以前的同桌坐，虽然她有点调皮，但她学习很好，很热情，能帮助我，我在她的帮助下进步很大。现在我旁边的这位男生成绩差，而且还喜欢讲废话，严重影响我的学习。"

"那你叫班主任换一个学习好的同学坐你旁边不就得了吗？"

"我跟他说过了，他不同意。"

"没关系，我去帮你说。你们班主任和我很熟，我一定能帮你这个忙。"我爽快地答应了他，以为这事就这么解决了，结果他的反应出乎我的意料。

◎ 莫名我就喜欢她 ◎

"高老师，谢谢您！您即使让我们班主任给我换一个学习好的同桌，我也还是不满意，我喜欢和我的老同桌坐。"他很无奈地说道。

"那不行，你们班主任这样安排，肯定有他的道理呀！我不能满足你的要求。"我故意这样说道。我发现他一再坚持要和以前的同桌坐，觉得有点蹊跷。

"高老师，求求您帮帮忙，您一定行的，您不是说和我们班主任很熟的吗？"他露出一副很着急的样子。

"可以呀，但我必须了解你为什么还想和她坐一起的真正原因。你告诉我，我觉得合情合理就可以，如果你连我都不能说服，那怎么能过你们

班主任那一关呢？你说是不是呀！"我再次引导他说出真话。

他沉默了十几秒钟后，红着脸、很害羞地道出了他的真实想法："老师，我喜欢上了我的老同桌。"

"是吗？她知道你喜欢她吗？"我反问道。

"她应该知道。平时我们班的男同学经常开我们俩的玩笑。"他不假思索地说道。

我紧接着追问他说："那你喜欢她什么呢？"

"高老师，您又不是不知道，我的老同桌长得很漂亮，刚转来的时候，我们班所有的男生都沸腾了。当班主任把她安排在我旁边的时候，虽然没有表现出来，但是我内心确实是兴奋不已。我就暗喜，我怎么这么有福气呀！从那时开始，我就喜欢上她了。再加上在宿舍的时候，舍友经常避开生活老师的巡房，开我和她的玩笑。玩笑开多了，我都自认了。而且这次月考，她的成绩也是很出色的，考了班里的第 3 名、年级的第 8 名。所以我就更加喜欢她了。"他一口气道出了自己的心声。

"那她喜欢你吗？"

"我也不知道，她和我们班的大多数男生都玩得很好，而且她是很活泼开朗、特惹男生喜欢的那类女生。很多男生都想追她，我觉得他们好像都在故意玩弄我！我现在根本就没有心思学习了，晚上失眠，白天犯困。我的成绩已经下降得很厉害了，我现在已经很没面子了，我真是无地自容啊！高老师，您一定要帮帮我，我现在很苦恼，所以才来求救于您呀！"

我认真专注地听着他将自己内心压抑多时的苦恼倾吐出来，听他一口气说完这些，我明白了事情的真相。

因此，我就对他说："老师现在很理解你此时的处境和苦恼。首先，正处于青春期发育的你们，有这样的想法和行为都是正常的，你不必自责。现在关键是要处理好目前的问题，我觉得你目前的问题还是比较好解决的。第一，你们之间还没有任何的公开表白，不存在谁有没有面子的问题，这其间只是一种感觉而已；同时，你目前还不知道她是否对你有好感。所以，你目前首先要做的事应该是战胜自己，克服思想上的枷锁。你可以默默地继续喜欢她，以她为动力，发奋努力，好好学习，力争超过她，这样她就会对你刮目相看，说不定她以后长大就愿意嫁给你了呢！如果你现在的成绩一直差下去，她肯定不会嫁给你的。你也知道这样一个浅显的道理，她不可能嫁给一个不如她的男人吧，对不对？第二，你必须明白，她不是你的私有物，别人都不能碰，一碰我就要发狂或打人等。你可以这样进行积极的自我心理暗示：如果我们有缘分的话，任何人都抢不去；如果我们没有缘分，我再怎么去幻想也是无济于事，还不如好好静下心来努力学习。你甚至还可以这样想：现在我们的主要任务是学习，他们没有把精力放在学习上，以后肯定会吃亏的；我好好学习，将来考好了，会找到更令自己喜欢的女孩子。第三，你必须克服自己的虚荣心，正确面对现实，而不是一味地虚荣下去、自卑下去、堕落下去。必须努力使自己振作起来、积极起来、努力起来，把自信写在脸上，把内心交给文字，把忧伤藏在心底。我相信你只要扬起自信的风帆，划动拼搏的双桨，一定会发现一个生气勃勃的你，一个潇洒自如的你，一个成功的你！"

他听完我的这些话后，自己若有所思地点点头，说道："谢谢老师对我的理解，我本来还怕您批评我呢！听您这么一说，我轻松多了，原来是我自己背上了虚荣的包袱，而不能很好地面对同学。您说得很对，她不可能嫁给一个不如她的男人，我自己应该努力充实自己，用自己的实力博得她的青睐。"

我拍拍他的肩膀说："情感的发展是每个人必定会经历的过程，经历能让你们渐渐成熟，所以这种经历对你的成长来说是好事，但这不能影响你现阶段最重要的任务——学习。老师很高兴你能这么想，老师也相信你能自己处理好目前的困惑，好好努力吧，还有什么困难可以再来找高老师。"

他自信地点点头，恳切地说道："谢谢高老师！"

◎ 尾声 ◎

看着他轻松地离开了咨询室，我暂时松了一口气。但情感的问题，往往不是一两句话就能化解的，在这个过程中，他可能还会不断地进行内心深处的痛苦与挣扎。我只能帮他提供一个思考的角度，最终还需要他自己用意志和行动走出困惑，打开心结……

辅导后记

青春是多梦的年龄，如果见了自己喜欢的异性而无动于衷，倒是令人感到奇怪。青春的"白日梦"可以说是正常的心理表现。可是，作为中学生，首要任务是学习，所以还是要寻找一些有效的方法，适度地控制你的"白日梦"。比如：在日记中抒发你的情感，记下你的幻想和思念，之后销毁，销毁后再写，直到不想写为止；还可以在运动场上释放能量，以分散这种感情的注意力；还可以到一处空旷的场地上高声诉说你的相思之情，直至口干舌燥为止。当然，在这种宣泄过程中，既会有满足，也会有痛苦，但随着时间的推移，这种感情会烟消云散，回头再品味往事，就会感到荒唐可笑。所以，要有意识地扩大人际交往范围，用广泛的友情去替代这种感情。

感情是圣洁的灵物，真挚的情谊会染绿心灵的荒漠。青春期少男少女在一起产生的异性之间的爱慕，正如早晨初升时的一层薄雾，它是美好的；而一旦酿成了云，酿成了雨，甚至酿成了雷电和冰雹，后果是难以承受的。所以对于青春期异性之间的那种憧憬和朦胧，最好是保持和维系，而不要走近它。

真情寄语

天下哪个倜傥少男不善钟情？天下哪个妙龄少女不善怀春？

——歌德

火热的高考备考正在如火如荼地进行着，他却在这关键时刻陷入失恋的痛苦之中。是就此沉沦下去还是发愤图强，他内心思绪万千，难以接受这突如其来的"坏消息"！在刚得知这一消息后，他仍抱有幻想，发愤图强刻苦复习，准备考重点大学，力求高考结束后再重新修复恋爱关系。就在他化悲痛为力量的不到两周时间后，上帝又和他开了一个玩笑，他看见了自己不想看到的那一幕……

02 天涯何处无芳草

◎ 引言 ◎

晚上 7 点多，我正在阶梯教室聆听校长的高二学生心理讲座，电话振动起来了，一看是某同事的手机号码，但话筒那边传来的却是一位学生的声音。他告诉我他是高三的学生，有很重要、很紧急的事求救于我，所以借用了老师的手机，但因为要上晚自习，所以约我晚上 10 点见面（他们刚下晚自习的时间，也是我晚上咨询的下班时间）。想到他是高三的，我就应允了，约他 10 点在心理咨询室见面。

9 点 58 分，他来到心理咨询室，一位高大帅气、身穿运动装的阳光男孩跃入我的眼帘，我热情地招呼他进来。他对我挺熟悉的，进来后我们便开门见山聊了起来。

◎ 高三压力 ◎

"高三挺紧张吧！"我主动跟他搭话。

"嗯，很累，压力好大，特别是这两天，简直要崩溃了，所以专门来找你寻求帮助。"他爽快地回答我。

"你有什么就直说，我尽力而为吧！"我鼓励他直奔主题。

"高三的这种压力，我本来是能承受的，但现在真的撑不下去了，我觉得自己很笨、很傻！"他很沉重地告诉我。

"怎么会觉得笨呢！高三压力大很正常，成绩波动也是经常的事，别灰心！"我继续鼓励他。

"老师，我现在的压力不是来自学习和高考，而是……"说到这里我看他很紧张，眼睛湿润了，脸也有些泛红。

"有什么事你慢慢说，别着急！"我安慰他。

◎ 我失恋了 ◎

他用手将自己额头处的头发猛地往上一捋，长叹了一口气说道："高老师，我失恋了！我真的快要崩溃了。您说我怎么这么倒霉，在高三这关键时刻遇到这种事！"

"嗯，是挺让人难受的。详细谈谈你们的情况。"

"我们已经谈了两年多了，感情一直都挺好的。平时她伤心时，总是我关心她。我难过时，她也来安慰我。彼此一直都对对方比较好。但是，我就是想不通怎么到了高三时她说分就分了呢？"他一直低着头在说话，手里拿着一支中性笔，不时地用手扳动笔盖上的扣子，说到最后一句话时，扣子被他扳断了。当时他整个身体都有些颤抖，我看得出来，他心里很不甘心，同时也很苦恼。

"难道她跟你说分手时，没说原因吗？"我追问道。

"她说我们现在高三了，彼此的压力都比较大，我们各自都好好去复习备考吧，彼此之间不再存在那种关系，以后再说吧！想她的时候，可以给她发短信或打电话，但千万不要打她们宿舍的电话。"他平静地说道。

"那后来情况怎么样呢？"我继续鼓励他说下去。

◎ 陌生男人突现 ◎

"给她发了几次短信，她也回了我，安慰我！有两次我忍不住就去找了她，她身边的女同学都很烦我，我叫她们帮我叫她，她们都不帮我，叫我自己去叫。这两次见面后，她让我以后不要再去找她了，短信联系或电话联系比较好。就这样我再也没去找她了，并狠下决心好好复习，考取重点大学。正当我化悲痛为力量不到两周时，我在食堂发现了她和一位陌生的男人在一起吃饭、聊天。看见他们谈笑风生的场面，我当时如晴天霹雳，快撑不住了。上帝怎么又和我开这种玩笑，我还想着等我考上重点大学后再去找她呢。我彷徨地跑出食堂，后来我反复想，她都与我分手了，她与什么人交往关我屁事呀。但最终我还是忍不住去找了她，问她是怎么回事？她说是她表哥，来学校看她。我都不知道她说的到底是不是真的了。烦死我了！！这一次我找她后，她给我写了一封信，我一直留着，我现在念给您听，您帮我分析看看！"

沙儿：

反正我们都不会结婚，晚分不如早分吧。高三了，我们真的不能再这样下去了，否则我们两个的前途都将功亏一篑。希望你能理解，并早日走出痛苦。

即便你真的想我了，也请你不要再来找我，希望我们以后通过短信或手机联系，但我真的不希望你再到班里来找我了。真的！我希望我们都能早日忘记过去，真正投入到紧张的高三复习中，考出我们各自理想的成绩。

如果我们以后真的还有缘分，那也是我们高考以后的事情，所以希望你能遵守我的这个要求。保重！

祝好！

曾经爱过你的人

"老师，您从我刚才读的这封信里，听出了些什么！"

"我听出了她和你分手的决心！"我直言不讳地说道。

他认可我的听后感后苦笑，并急切地问："还听出了什么？"

"听出了她担心分手后你想不开，所以让你想她时发短信或打电话给她。"

◎ 理智面对现实 ◎

"嗯，我现在就是克制不住想她，很难受！很担心影响自己的高考复习，我现在最苦恼的就是怎样能忘记她，静下心来复习备考。"他很诚恳地说出了自己的心声。

"其实你不可能忘记她的，真让你用意志力去忘记她时，你就会发现很难，毕竟与她朝夕相处了两年，哪能说忘就忘了，这是一种理想，即使再洒脱的人也不可能彻底忘掉一位热恋过的情人。你说是吧！"我坦诚地与他沟通。

"老师，您真是太了解我现在的苦闷了，像我这样的案例您是不是接

天涯何处无芳草
何必单恋一枝花

待过很多呀！"

"相当多，结果都一样，就是过程中的细节有所不同罢了。呵呵……"

"我曾经很多次地想恨她，可是就是恨不起来。平时我什么都跟她说，现在感觉自己的心被掏空了似的，很难受，好像自己被骗了。平时主要是我跟她说的比较多，她很少跟我讲心里话。"

"老师非常理解你现在的心情，毕竟心被掏空了很难受，特别是感觉被骗了以后更难受！但你必须面对这个现实，去战胜它！短时间内你可能很难静下心来，但我相信过不了多久你就会好受些的，因为你适应了现在孤独的生活，就不会再念念不忘缠缠绵绵的甜蜜生活了。这本身就需要时间，心理学上有一个'二十一天原理'，就是说一个习惯的养成需要三周时间的坚持，后面就能稳固地习得这个习惯。所以坚持孤独一个月，你目前的状态就会得到很好的改善。你应该感到庆幸的是，这件事情发生在 9 月份，如果发生在高考前夕的话，就惨了！不过理智的人，应该不会选在那个时候说分手。"

"那如果我又想她怎么办？我不想再发短信或打电话给她了，与她联系只能让我更痛苦，而且也不可能会有什么结果。"

"打电话给老师，我暂时做你的倾诉对象吧！"

"好吧。谢谢高老师！"

"兄弟，老师最后送你一句话：天涯何处无芳草，何必单恋一枝花。希望你早日忘记过去，重新开始新的生活，男儿志在四方，加油！老师相信你一定行的！"

"谢谢老师！"他掷地有声的感谢话语让我看到了他重生的希望。

◎ 尾声 ◎

看着他理智地离开心理咨询室，我感悟良多。初恋是非常美好的，少男少女的初恋更是犹如清晨含露待放的玫瑰一样清新动人，但是这样的感情走到现实中，往往会失掉动人的魅力，反而给自己和他人带来无尽的苦恼和伤害。案例中的主人翁就是一个典型。中学生的恋爱，正如有人形容的那样：它就像是一束塑料花，虽然色彩缤纷，却没有真正的生命力。最后，希望大家都能远离情感的阴霾，让心灵沐浴在灿烂的阳光下，尽情挥洒书写壮丽的人生篇章！

一首大家熟知的歌曲《小草》送给文中的主人翁，祝他早日走出情感低谷。

没有花香

没有树高

我是一棵无人知道的小草

从不寂寞

从不烦恼

你看我的伙伴遍及天涯海角

……

辅导后记

亲爱的同学们，感情并不是死拽着就会回来的，也不是眼泪可以打动的。如此纠缠下去，只会让双方都痛苦。有些痛苦注定要一个人承担，但是请坚信，黑暗过去后就会迎来美丽的日出。蹚过了痛苦的河流后，就以最佳的状态示人，因为不知在什么时候，会遇上感情里的真命天子。

失恋并不意味着失去一切，特别重要的是，不要因为失恋而失去爱与被爱的能力。

真情寄语

　　"天涯何处无芳草，何必单恋一枝花。"给自己一点信心、一点快乐、一点大度、一点宽容，从容面对，笑看人生。

她是一位漂亮且个子高挑的阳光女孩，性格十分外向。她因为喜欢上了一位"哥哥"而不惜从其他学校转入我校，但转入我校后，她发现梦中"白马王子"已为多位女孩追求，而且他也并不是很喜欢她。结果，她根本控制不住自己，无法安心上课，最后她近乎发了疯似地说：只要他要我，我宁愿将我的"第一次"献给他……

03 我把"贞操"献给他

◎ 引言 ◎

刚整理完自己一天的俗事，我本想放松一下的，结果有人来敲咨询室的门了。整理了一下自己的情绪，我微笑着去开了门。

打开门一看，是一位个子高挑、十分漂亮的女孩，而且头发是染黄了（属我校禁止行为）的，是一位很"时髦"的女孩子。她有什么事要咨询呢？还没等我说话，她便很主动地边说边进了咨询室。

"高老师，我快要疯了，您要帮帮我呀！"外向型的性格表露无遗，表面看去哪里是快要疯了的样子，是她自己夸大了事实。

"没有吧，什么事让你快要疯了！"我接过她的话，鼓励她说。

◎ 恋爱受挫 ◎

"我喜欢初二年级的一位'哥哥'，可是他却不喜欢我，我快要疯了！"

"具体是什么情况，你详细说来看看！"

"情况是这样的：我是刚从县中学转来我们学校的。我转来这里的主要目的是我非常喜欢我们学校初二年级的一位'哥哥'。现在我天天去找他，他却不理我，我非常难受，特来您这里寻求解决之道。最让我难受的是，他身边有好几位女生在追求他，而且有一位已经开始和他谈恋爱了。我很难受也很着急！老师，您说我该怎么办？"她十分期待地问道。

"静观其变！！"我接纳她谈情说爱的行为，并给她出招。

"天哪！我都快要疯了，您还要我静观其变！老师，我做不到，除非您杀了我吧！"她直截了当地回答。

"你这个时候只能静静观察，等待时机，否则只会弄巧成拙，坏了你的大事。"我严肃地告诉她。

◎ 上课分神 ◎

"老师，我真的做不到！您不知道，我这些天上课都上不下去了，节节课分神，根本控制不住自己的情绪和行为，一下课就跑到二楼初二年级他们班教室的外面来了。我时刻想看到他、跟他聊天，可是他又不理我，难受呀！"她反复表露自己的负面情绪。

"他不理你，你知道原因吗？"我反问道。

"不知道！可能是他身边的女孩子比较多吧！"她不假思索地回答。

"真的是这样的吗？直觉告诉老师，好像不是这样吧！"我暗示她好好回忆。

"哦，想起来了，原因是我转来这里之前，跟他沟通过，他不同意我转来这里。所以，他一直很生气，不理我！"她终于想起来了。

"呵呵，这就是问题的关键所在了！你有没有问过他为什么反对你转来我们学校？"我顺着问了下去。

"当时我就问了，他说不想影响我的学习！两个学校离得不远，要见面或联系都很方便，在一个学校反而会惹来很多麻烦！影响彼此的学习和生活。"她毫不犹豫地回答道。

"我觉得他讲得很有道理。你怎么就不听呢？现在弄成这样，你爽喽！！"我故意调侃她道。

　　"老师，你不知道，我早就听说他在这边还有女孩子，所以不放心才专门找我爸爸托关系转入我们学校的。他休想骗我，以为我是傻瓜，被他耍呀！狗屁！！我才不中他这招呢！我就看他在这里搞些什么名堂。所以才不顾他的反对转来的。"她一副古灵精怪的样子。

　　"那他现在不理你，你怎么办？"

◎ 我把贞操献给他 ◎

　　"我也不知道，所以才来求救于您嘛，老师！您快给我想想办法吧！我跟您明说吧，我真的真的好爱他，只要他理我，我愿将我的一切都给他!"她的情绪又开始激动起来了。

"你愿将自己的一切都给他，难道连身体也给他吗?"看见她这疯狂的样子，我的问题也开始直接并且"疯狂"了起来。

"是的，只要他理我，我什么都给，身体也给!"她不假思索地回答道。

"天呐，你太夸张了，你把身体给了他，你能保证以后一定会和他结婚吗?"我反问道。

"我不管! 只要他理我就行。"她倔强地回答。

"要是他是个花心鬼，玩了你以后就不理你了怎么办? 你还能拿什么给他，让他理你?"我严肃地反问她。

"只要他喜欢，我再去给他找其他女孩子玩呗!"

她的这句话让我顿时无语! 现在的孩子真是太夸张了，让我这个 80 后的老师真切地感受到了 90 后孩子与我们的差别。这让我想起了前段时间在网上看到的新闻，说有个 90 后的女生将自己的裸照放在毕业同学录和自己的 QQ 空间里。当然这只是极端案例，不是 90 后的普遍特征，所以我思索了一会儿，看怎么帮她。

于是我对她说:"哎呀，如果他讨厌你的话，你再怎么努力都没用的，如果你要是说出刚才那些话的话，他可能更加不想理你了，他会鄙视你的，那时你就更惨了!! 我们男生哪个会喜欢一个不自尊、不自重和不自爱的女孩子呢?"

"谁说我不自尊、不自重、不自爱了?"她有点生气地说。

"一个连自己的身体都可以随便给人糟蹋的女孩，怎么算做自尊、自重和自爱了呢?"我严肃地批评她道。

"老师，你侮辱我的人格! 我讨厌你!"

"老师没有侮辱你，你也并没有将自己的身体随便给人糟蹋呀! 我是为了你好，在你还没有做出傻事之前泼你一盆冷水，让你醒醒!!! 你千万不要误解老师的意思。"我安慰她。

"嗯，谢谢老师！我也不会真干这种事的。只不过刚才心急了嘛，所以才说出这种放纵自己的话的。老师，他现在不理我，您说我到底该咋办？"她平静了下来，冷静地问我。

"还是我刚才给你说的那句话：'静静观察，静观其变！'"

"老师，这样会有用吗？"

"肯定有用，不信你试试一段时间看看，顺便找他们班的同学了解一下他现在的想法。做到知彼知己才能胜券在握！"我肯定地给她打定心针。

"好吧！我回去试试看。"

◎ 结束语 ◎

回去后，她按照我的做法去做了，取得了很好的效果。不久后，两人开始正常交往，转眼她已升入初二，那男孩升入了初三，紧张的考试压力让那个男孩提出暂时停止与她的密切交往。后来，他们只是偶尔打打电话、发发短信。最后，这个男孩以优异的成绩考入了桂林市某重点高中。这个女孩正常地升入了初三，可是她的学习就没有哥哥那么好了，在年级里基本上是"垫底"的，是年级里出了名的两个调皮女孩之一。

她升入高中之后，我已与她失去联系，现在基本上已经不了解他们的现况了。

辅导后记

咨询完这个案例，我的心情一直比较复杂。中学生异性交往过密的案例我接待了近 300 例，但像她这样的来访者还是头一个。这个案例让我想起了我以前咨询的几例"失身"女孩的案例，那些天真的女孩就是因为像她这样在懵懂的时候着了男孩的迷，失去了自己宝贵的"第一次"，尔后又后悔莫及，特别是在那些没有责任心的男孩向她们提出分手时，这些女孩才恍然大悟，但是一切的一切已经太晚太晚。她们在我面前痛哭的惨状让我刻骨铭心。我在上心理课，或是在咨询相关异性交往过密案例时，都会在不同的场合讲给同学们听。今天在这里分析这个案例的目的，也是告诉所有的青少年读者朋友，如果你是一位女孩，一定要懂得自尊、自重和自爱；如果你是一位男孩，一定要有责任心，千万不要冲动时做了让自己和他人感到锥心的蠢事，更不要以为自己很"强"、很"能干"，甚至把它当成是在同学面前炫耀的资本。否则，你有可能将面对难以想象的后果。

最后，送一句话给大家："冲动是魔鬼，冲动是手铐也是脚铐，是一剂永远得不到的后悔药！"祝大家早日安全、平稳地走出迷茫的青春！

真情寄语

人在年轻的时候，并不一定了解自己追求、需要的是什么，甚至别人的起哄也会促成一桩婚姻。等到你再长大一些、更成熟一些的时候，你才会明白真正需要的是什么。可那时，你已经干了许多悔恨得让你感到锥心的蠢事。

——佚名

第一篇　青春滋味

14岁的青春女孩，夜间走小巷子回家，不幸因遇上色狼而被强奸。在那偏僻的小巷子里叫天天不应、叫地地不灵，只好任人"宰割"，受伤后还不敢给自己的家人说，只能一个人默默坚守心理和身体的伤痛。内心挣扎了很久后，她毅然决定求助心理老师，于是……

04 "失贞"不洁的女孩

◎ 引言 ◎

　　正在吃晚饭，我的手机响了，电话那边传来一个女孩的声音："喂，您好！请问是高老师吗？"

　　"你好，我是高老师！请问你是哪位？"我回答道。

　　"老师好！我是初二的一位同学，我有些问题想咨询，老师什么时候有空？"她自报家门并询问我。

　　"每天晚上8点到10点，我都在心理咨询室值班呀，你可以随时来找我！"我愉快地回答她。

　　"那我就晚上8点准时到心理咨询室找您！"她约了我，很急的样子。

　　"好的，没问题！我等你！！"我爽快地答应了她。

◎ 误判女孩 ◎

　　7点半我就回到了办公室，打开电脑浏览了一下新闻。8点整，心理咨询室的门被敲响了，我猜应该是她，于是带着微笑去开了门。打开门一看，一位大约有1.65米高的阳光女孩站在咨询室门前。我随即问道："同学，有事吗？"

"老师好！我就是给您打电话约您 8 点咨询的那个女孩呀！您忘了？"她惊讶地说道。

"你是初二的，不会吧，这么高！我还以为你是高中的呢！！呵呵，不好意思，请进吧！我已经等你一阵子了。"我确实没看出她才读初二。

"谢谢老师！"她愉快地走进了我的办公室。

◎ 讨厌男孩 ◎

几句简短的话语后，我引导她切入正题，便问道："遇到什么烦心事了？"

"我觉得我们班的那些男生好恶心呀？"她一脸鄙视的样子说道。

"他们做了什么让你觉得恶心了？"我反问道。

"他们整天在教室里说我们女生穿什么颜色的内裤，穿什么颜色的内衣，平时还经常偷偷地看我们的胸部，有时还有意无意地来拍我们女孩子的屁股。真是恶心到了极点，我都不知道怎么讲他们。"她一副害羞的样子说道。

"确实很坏！但是也很正常。"我回答道。

"不会吧，还正常呀！"她很惊讶我的回答。

"我说正常，是因为他们的这些行为是进入青春期的一些表征，我带了这几届初二的同学，基本届届如此，只是程度不同罢了。"我给她解释道。

"是吗？但是他们的这些行为让我们女生很反感呀！怎么能纵容他们的这些流氓行为呢？"她激动地说道。

"这个我知道，我做班主任时，谁这样做了，我就去找他谈话，教育他。结果这样的行为就减少了或没有了，这就是一种成长嘛！现在你们班的这种情况也是要及时给班主任反映的，让班主任及时去解决才行。"

"我们一直不好意思跟班主任开口，所以才来找您呀!"

"哦，这样吧，我跟你们班主任说，让他去处理吧!"

"好的，谢谢老师!"

◎ 心神不宁 ◎

"老师，还有就是我上课老是心神不宁，怎么办呀?"她突然转移了话题。

"是吗? 你想过为什么没有?"我反问道。

"没有，我也不知道为什么? 每天都是这样，心里痒痒的，整天心不在焉的，我都着急了。您说我该怎么办? 再这样下去，我的成绩还会往下掉!"她很着急地说道。

"你最近有没有发生什么重大的事件，或家里有没有发生什么重大的事件影响你?"我引导她去找原因。

"好像没有啊! 一切挺正常的!"她简短地思索了一下回答道。

"是吗? 那最近一年呢?"我继续追问道。

"最近一年，最近一年……"她仿佛在默默地回忆，但一直没有开口。

我没有打扰她的思索，大约过了 3 分钟，她开始说话了。

◎ 我是肮脏的女孩 ◎

"老师，我是个肮脏的女孩! 我不是个好女孩!!"她边说边哭了起来。

"发生了什么事，让你这样评价你自己?"我一边关切地问她一边给她递上去一张纸巾。

"老师，您说我怎么这么倒霉，遇上了色狼!"她继续哭着。

"不会吧，是吗? 什么时候发生的事?"我很吃惊地问道。

"大概是 9 月份的一个周六晚上，我回到姑姑家后出来逛街买东西。大约晚上 9 点左右吧，我买好东西坐公交车回去。下了公交车，我走进回家的那条小巷子。那条巷子比较长，而且路灯比较暗，平时走的人也比较少，因为那里基本属于市郊嘛！我走着走着，突然出来一个男人，叫我站住。我没听他的，撒腿就跑，没跑几步就被他抓住了。我大叫救命呀，他捂住我的嘴急忙说，你要是再喊，我一刀杀了你，你信不信！我一下子被吓蒙了，突然就停了下来。我问他想干什么，我说我没有钱，身上的钱全部买东西了。那条'狗'却说，你长这么漂亮，我才不要你的钱呢！说着他就开始脱我的衣服，我又大喊救命，刚喊一声他就把刀架在我的脖子上了，我被吓得直流眼泪。后面那个禽兽的行为我不想再回忆，在那朦胧的黑夜里，我就这样被他糟蹋了。后来，我哭着回到了姑姑家，姑姑还没有下班，她每晚都是 12 点以后才回来。我在家里的洗澡房里洗了整整一个小时，不管我怎么洗就是觉得自己很脏，怎么洗也洗不干净。有好几次我都不想活了，但是我很想我的父母。所以几次想到了死，后来又都放弃了。"她痛苦地回忆了自己这场不幸的遭遇。

"老师也为你的这个遭遇感到难过。你当时报警了没?"我反问道。

"当时我都被吓坏了，回来后想报警，但觉得这样又可能毁了自己的名誉，又放弃了!!!!"她回答道。

"你还记得那个男人的模样吗?"我追问道。

"那个地方比较黑，而且那个人又是蒙着面的。我没看清，只记得大概的高度，短头发，穿短裤。那天晚上我刚好又穿的是裙子。真是遇鬼了！"她难受地回忆着。

"你怎么一个人晚上出来逛街，我觉得你的父母太不负责任了！"我一方面很同情她，一方面又很生气她的父母不管她。

"我父母根本就不在桂林，而在柳州。我爸是交警，非常忙，很少有空。我妈也在工作，而且他们两个人在闹离婚，闹了好多年了，现在基本上是分居状态。他们都不想理我，才把我放在姑姑这边的！"她说道。

"你父母也太过分了，你告诉他们这件事了吗？"我既气愤又无奈地问道。

"没有，我一直不敢告诉他们！"

"这件事，除了你和我之外，还有人知道吗？"

"暂时没有！我根本不敢告诉别人。"

"记住，除了你父母外，你千万不要告诉任何人，否则会增加你的压力。你也别担心，除了你和我之外，只要你不说，也不会再有人知道的。"我告诫她。

"嗯，谢谢老师，但是我现在特别讨厌男人，心里一直觉得自己是个肮脏的女孩，平时洗澡时怎么洗也觉得自己不干净。您说我现在该怎么办？"她苦恼地问道。

◎ 面对现实 ◎

"第一，对于你的遭遇我深表同情，对你敢来这里揭露那个禽兽的罪恶表示赞许。第二，由于时间已经久远，没有证据，无法从法律上告发这禽兽。因此，你只能将这件事情，永埋内心深处，即使是你将来的男朋友也不能说，就当什么也没发生过。第三，你必须面对这样一个现实，这个现实已经无法改变。不过记得善待自己！！！第四，你讨厌男人这个问题，我可以通过系统脱敏法帮你解决。至于你总觉得自己洗不干净，用森田疗法完全可以比较好地解决这个问题。"

"谢谢老师！"

"今天晚上我先给你做一次系统脱敏治疗，下次再用森田疗法给你解决总觉得洗不干净的问题。"

◎ 结束语 ◎

后面我就给她做了几次脱敏治疗，效果还不错；通过森田疗法的实施，对解决她的强迫行为的效果也还可以。之后，我一直追踪她的情况，直到她初三毕业。她整体情况还不错，中考的情况也还可以，虽然没有考上重点高中，但也考上了比较好的普通高中。

辅导后记

这个案例咨询结束后，我的心情一直很难受，我为这位女孩的不幸遭遇感到同情，为这个女孩的坚强感到欣慰，为那禽兽的行为感到愤慨！！

这个案例咨询完后，我本来不想把它写出来的。我思索了很久，决定将这个案例公布出来，希望可以引起更多青少年同学的高度警惕和家长们的重视，不要让这样的悲剧重演。任何时候，懂得保护自己是极其重要的。现在，不少青少年自我保护意识不强，经常上当受骗，特别是不少中学男生骗女生的案例屡见不鲜。我经常在接待失身女孩来访时都很痛心，所以今天鼓着勇气将这个案例整理出来，主要目的还是告诫我们的家长和孩子们，同时呼吁全社会保护我们的未成年人。如果大家看了这个咨询案例，能提高自我保护的意识，我就心满意足了。

最后，送大家几句话，与大家一起共勉。"逃避不一定躲得过，面对不一定最难受，孤单不一定不快乐……即使在你最悲观、走投无路的时候，也请你记得：永不轻言放弃！"

真情寄语

有一个女孩被强暴了，非常痛苦。她就去找心理学家咨询，一见到咨询人员就哭了，并泣不成声地说："我这一辈子都忘不了这件事情了，我被毁了……"心理学家当场对她说："这位小姐，你是自愿被他强暴的。"听了这句话，她吓了一跳："你说什么，我怎么可能自愿被他强暴？"心理学家对她说："你被他强暴了一次，但在你的心里天天心甘情愿地被他强暴一次，那你一年下来，就被他强暴365次。""这是怎么回事呢？"女孩不解地问。"在你身上发生了一件不好的事情，你好像看了一场不好的电影一样，天天在回想，这不是很愚蠢的事情吗？这与重蹈覆辙有什么区别呢？"

事实上，人的注意力是有限的。当你在注意一件事情的时候，你注意不到其他事情，所以，从抑郁中摆脱出来的方法并不复杂。只要你脑海中的"电影"改变了，你不要再在脑海里放你不喜欢的那部电影，去放一部新的、喜欢的电影，就很容易改变这种情况。

紧张的高考复习才刚刚开始，阿秀就陷入了苦恼之中。她的苦恼不是来自高考，而是源自于她已经谈了五年多的那段难舍难分的恋情。几次折腾以后，她终于彻底绝望了，但失恋给自己带来的创伤始终没能让她走出情绪的低谷。虽然她已多次被这男孩欺骗，但是她对他的牵挂和依恋始终未能从心底彻底消失。如何才能修补受伤的心，重新燃起希望之火，这是摆在她面前的重要而紧急的事，内心长久的苦闷和矛盾让她难以自拔。于是，她终于鼓足了勇气敲开了心理咨询室的门……

05 他是我永远的爱

◎ 引言 ◎

连续接待了两个来访者后，已经是晚上的 9 点半了，我已准备结束今晚的心理咨询工作，正在整理和记录这两个案例时，咨询室的门又被敲响了。

"请等一下！"我应了一声，从电脑前站了起来准备去开门。边去开门边在想，这么晚了难道还有人来咨询？打开门一看，一位十分清秀的漂亮女孩跃入我的眼帘，个子不高，但一看上去就是惹人喜爱的那种女孩。我瞬间调整自己的情绪，微笑着问她："同学，你好！有事吗？"

"老师，您有空吗？我想咨询！"她腼腆地询问我。

"有空是有空，不过快要下班了，我刚咨询完两个案例，现在挺累的。你的问题很严重吗？能不能明天晚上再来！我不是想偷懒，而是怕我的疲惫会给你带来负面影响。"我直言不讳地告诉她。为了让咨询达到更好的效果，一般每天晚上我只接待两个来访者。

"老师，我真的受不了了！"话音刚落，她就哭了起来。

我赶快将她请进咨询室，给她递了张纸巾擦泪水，同时给她倒了一杯开水！她带着哭腔向我说了声："谢谢老师！"

她哭了一会儿后，我开始问她："请问发生了什么事，让你这么痛苦？

老师会尽力帮你的!"

◎ 遭遇失恋 ◎

"老师,您说我怎么这么倒霉,在高三了会撞上这等事!"她沮丧地说道。

"什么事?你慢慢说来。"我鼓励她说下去。

"我和我的男朋友分手了。"

"是谁先提出的分手?"

"我先提出的分手。"

"既然是你提出的分手,那你为何这么难受?"

"老师,你不知道呀,其实我是不想和他分手的,但他太贱了,一会儿来哄我,一会儿又去找别的女孩!他是个花心鬼!!!"

"是吗?那你提出分手是明智的选择呀!这种男人也不值得你去爱!因为他欺骗了你的感情呀!"

"是啊!但是他以前并不是这样的呀!!就是最近才开始变的。"

◎ 青梅竹马 ◎

"我跟他已经谈了五年多了,感情一直都很好。我们两家是邻居,从小就在一起长大。小时候没有这方面的想法,自从上了初一,他向我表白了,当时我觉得很突然,但内心深处确实也暗恋着他,所以就同意跟他谈了。由于我们在县城里的同一所初中读书,所以一直相处比较好,感情也比较好。但是升入高中后,他考入了我们县中,我考入了我们学校,从此就开始分在不同的学校上课。高一和高二上学期时我们经常联系,通电话发短信,一直关系不错,但自从高二下学期开始,我就听我的同学(现在跟他一样在县中读高中）说他跟某个女生走得很近，每天一起嬉笑、一起吃饭、一起玩耍，关系非同寻常，不是一般的同学关系，很多同学都说他们是在谈恋爱。这件事如晴天霹雳，一时我懵了，不会吧，他在电话里天天跟我说他有多么多么爱我，以后一定要给我幸福的。当时，我不管三七二十一就给他打了电话，他当场矢口否定，说没有这回事。我说县中的同学都看见了，你还狡辩。他用很多甜言蜜语来哄我，说怎么可能呀，我们感情这么好，我心中只有你，绝对容不下第二个女孩，你放心，不信你来调查，我坦坦荡荡做人，随时接受你的考验和调查。他这么肯定，我心软了，我也觉得不可能，凭我这么多年对他的了解，他不可能是这种花心的人。所以，我当时就原谅了他，同时还给他道歉了，说错怪他了，请他原谅。他当时说，可以理解我，不会在意我之前的行为。"她一口气说出了他们半年前发生的变故。

"那后来呢？"我鼓励她继续往下说。

◎ 男友背叛 ◎

"我虽然表面上认同了他，但我心里已经开始怀疑他了。后来，我从县中的同学处打听到他交往的那个女孩是哪个班的，叫什么名字，他们一般在什么时间交往，什么时间吃饭。掌握了这些信息后，在没有告诉他的情况下，我利用我们学校放月假（周五下午放学，周六不补课，一个月才放一次月假）的时间，周五晚上回到了家里，周六上午就去了他们学校。我一直藏在隐蔽处观察他，等到中午放学时他终于出现了，但出现的不仅仅是他一个人，他还拉着另外一个女孩的手，这个女孩就是我县中同学给我说的那个。我当时实在是气不过来了，冲上前去狠狠地给了他一巴掌。当时实在是太冲动，一时间他们学校所有的同学都看着他和我。我问他这个女孩是怎么回事，他没有回答。我很气愤地跑离了现场，回到家里的卧室痛哭了一场。"

"后来又发生了什么呢?"我继续问她。

◎ 修复创伤 ◎

"后来他打电话给我,我没有接,按断了! 周日中午他直接跑到我家里来找我。当时我没让我家里人知道这些事,情急之下我跟他出来了。其实我根本就不想看见他,他反复给我道歉、认错,希望我给她一次机会。后来,我们来到了县城郊区的一座小山上,当时没人,他给我跪下了,哭着说他已经和那个女孩断绝了关系,从今以后不再与别的女孩发生恋爱关系,一心一意爱我一辈子。在他坚决、诚恳的道歉下,我原谅了他,毕竟我内心一直深爱着这个男人,我也不想和他分开。后来我县中的同学告诉我,他的确和那个女孩分手了。我们重新恢复了以往的电话和短信联系。"

"后来,我们的关系恢复了正常,高二假期我们一起玩了大概半个月吧,后来我们都要补课,又再次回到了各自的学校,但彼此心里都想着对方,不想分开。一段时间的补课后,我们慢慢又开始适应了分开的生活,都努力地复习以迎接高考。我们都觉得这样很好,希望都能考一个好一点的大学。"

"这样不是挺好吗? 怎么你又提出分手了呢?"我接着她的话问道。

◎ 男友旧犯 ◎

"是啊! 转眼就到了高三,我们都在疯狂地复习。紧张的高三生活让我放松了对他的监管,只是每天在电话里大约十几分钟的简短谈话罢了。就在这时,我县中的同学又给我打来电话,说又看见他跟另一个女孩开始交往了,但这次好像挺隐秘的,只见他们一起走,没有看见牵手等过密的行为。我的同学只是怀疑他又开始谈新的女朋友了。我这次没有发火，也没有给他打电话说这事，而是叮嘱我的同学继续观察。经过一周的观察，我的同学确定他们的恋爱关系了。于是，我向班主任提出请假，说家里出了点事，必须要请假回家一天。因我平日一直表现挺好的，老师也没说什么就答应了我，让我早点回来，别耽误课程。我到他们学校，再次在我同学说的那些地方蹲点，结果老时间、老地点我发现了让我痛心的一幕，他居然和那个女孩在那里拥抱、接吻。气死我了，我直接冲上去把他大骂一顿，他不但不承认错误，反而问我怎么会在这里，今天为什么没上课。我没有回答，也没有在他面前哭泣，而是气冲冲地跑开了，迅速坐车回到了学校。"

"后来他反复打电话来，我都没接，再后来他发短信来向我道歉，我也没有理他。一连几天他都反复发短信来，说自己以后绝对不会再有这事了，请求我的原谅！这次我没有原谅他，并向他提出了分手，我永远不想再看见他！"

"我觉得你做这个决定是明智的，其实在第一次发现他有这样的行为时就应该这样做，但你心软了，给了他一次机会，没想到他如此花心。我知道你现在的心情很复杂、很难受！但是事已至此，无法挽回，关键是现在怎么去面对的问题了。"我开导她。

◎ 后悔恋爱 ◎

"老师，虽然我已经提出跟他分手了，但我内心是极其矛盾的，正所谓'爱有多深，恨就有多深！'我现在真后悔呀！如果再给我一次重新从初中开始选择的机会，我一定不会谈恋爱，一定好好学习！但是，这已经不可能了。"她悔恨地说道。

"其实这也并不是什么坏事，青少年不'折腾'几下自己怎么能长得大，怎么能成熟？通过这件事，相信你一定成长了不少，懂得了很多！"我安慰她道。

"是啊，但是我不想在这个时候折腾自己呀！！"

"没有人想在这个时候折腾自己，但你选择了谈恋爱就已经为现在的事情埋下了伏笔。幸运的是，事情发生在高三上学期，如果发生在高三下学期的话那就更惨了，所以你不要难过，应该感到庆幸。"我继续安慰她道。

◎ 重树信心 ◎

"老师，我现在该怎么做才能减少痛苦呢？"她迷茫地问道。

"第一是关掉手机，并交班主任或生活老师保存，彻底断绝与他的任何联系，以免你再次勾起回忆；第二，跟班里现在玩得比较好的同学一起玩、一起学习，丰富自己的生活，减少个人独处的时间和机会；第三，将注意力转移到学习上来，抓紧时间好好复习，尽量让自己忙碌起来，减少对失恋的回忆；第四，如果实在忍不住想这件事时，给自己规定时间去想，想完了就彻底结束回忆；第五，紧急时可以再来找老师倾诉，老师会尽力帮你的。任何人遇到这样的事，都会难过一段时间的，只要坚持上面五条，相信过不了多久就会好很多。对你有利的关键一点是你们不在同一所学校，平时怎么也见不到面，所以影响会小很多；加之高三的复习又比较紧张，相信过一段时间你很快就会走出迷茫，找到真实的自我，燃起新的希望之火的。记住，需要时请及时联系高老师。祝你早日走出苦海，重获新生。"

"谢谢老师的帮助，我会按照您的建议去努力走出困境的。相信我吧，我挺坚强的。"她终于露出了一丝坚定的笑容。

"加油！坚持就是胜利，时间是最好的良药。"

"好的，谢谢老师!"

"好吧，今天就聊到这里，已经 11 点半了，太晚了，我送你回宿舍吧!"

"谢谢老师!"

辅导后记

看着她坚强地走进宿舍楼，我的心终于平静了下来。今晚可能又是她的一个不眠之夜了，遇到这样的事，谁能不伤心呢!

关于中学生恋爱的教育，我们从初一年级一直讲到高三年级，不管老师和父母怎么教育，总是有不少同学想去尝试。可能这就是青春该有的模样吧，能折腾、敢折腾、想折腾，压都压不住。就像案例中的主人翁一样，现在才醒悟、才后悔。所以对于正处在青春期的同学们来说，没有折腾过，谁也不会知道自己的"斤两"。但是，折腾是精彩的，但代价也是惨痛的。我们自己为青春做了主，也同样为相随而来的代价买了单。对大家来说，青春的折腾会换来对自我的清醒认知，那些欲望、鲁莽、轻率都将随风而逝，而大家获得了对自我的把持，学会了承担责任……这些沉甸甸的东西，让大家终于实实在在地站在地面上，不再飘浮空中。这是心理的成熟，也是成长的升华。我相信，文中的主人翁经历这次惨痛的教训后终于学会了不动摇、不懈怠、不折腾，学会用成熟为折腾买单。我也相信，所有读完本文的读者都能从中获得启发。祝你们早日走出迷茫的青春!

第一篇 青春滋味

真情寄语

树上的果子是熟的好吃，还是生的好吃？人也像果子，要是长得熟，有了学问，会做工作，又有养育孩子的能力，就好比果子熟了……要是书还没有学习好，工作能力没有培养好，谈恋爱会有好处吗？

——陶行知

第二篇

成长心事

奥地利心理学家、精神分析学派的创始人弗洛伊德通过临床实践表明：个体现在出现的很多心理问题，都可以在他的童年生活经历中找到痕迹，大多是童年的创伤通过潜意识表现出来。在下面的咨询手记中，这名同学成绩不理想，仅仅是因为她不努力、不专心吗？让我们一起来听听她的诉说吧！

01 我是天下最不幸的人

◎ 引言 ◎

　　我像往常一样，坐在心理咨询室等待来访的学生。

　　不一会儿，就有人来敲门了。我一开门，看见一个满脸忧愁的女孩站在咨询室的门口，她怯生生地问："老师，我有问题想咨询，可以吗？"我热情地请她进来。她进来以后，低着头，没有说话。我连忙倒了一杯水给她，在她旁边坐了下来。我的热情感染了她，她渐渐不再像刚进来时那样害羞了。我关切地问："老师有什么可以帮你的吗？"她慢慢说出了自己的苦恼。

◎ 段考考砸 ◎

　　"高老师，我这次段考考得很不好，我平时上课很容易分心，很难集中注意力，学习效率很低，上课经常睡觉，没有任何学习的动力。我不知道该怎么办？很久以前我就想来找您的，可是一直怕您太忙，所以今天才来找您，请您帮帮我。"谈话的过程中，她一直还是低着头。

　　"段考没考好，没关系呀，下次考好点不就行啦！"我的直觉告诉我，事情肯定没有这么简单。所以我接着反问她："上课分心，注意力分散，学习效率低，上课常睡觉，没学习动力，这种状况在你身上已经发生多久了？"

她停顿了大约几秒钟，然后说道："一年了！"

"一年前，那是什么时候？"我追问道。

"高一下学期。"

"高一下学期之前有这样的状况出现吗？"

"也有，只是没有这么严重。"

这句话马上引起了我的注意，我觉得问题可能就出在这里。于是问道："在高一下学期的时候，你有没有发生什么事情？"

我的这句问话，立刻触动了她的心灵，她没有说话，大哭了起来。我连忙把纸巾盒递给她。

◎ 拍照风波 ◎

她的哭，让我觉得她在高一下学期的时候肯定发生了什么事情，伤害了她。为了让她把压抑已久的内心痛苦发泄出来，我并没有马上追问什么。过了一会儿，她停止了哭泣，沉重地说道："老师，我是一个很老实的人，这样一点都不好，我很为这个烦恼。我现在对自己很痛心。你说我该怎么办？"

我突然注意到，她将对我的称呼由"高老师"转变为"老师"，这个小变化在心理咨询过程中是很重要的一个信息，说明她已经完全进入咨询状态了，此时的她对我很信任。

"老实有什么不好，这是诚实的表现呀，这是一个人应该具有的优良品质！"

"优良品质？就是因为这个，所以我才这么难过、这么痛心呀！"

接着，她一口气把她的痛苦经历全部说了出来。

"我高一时的同桌是个男生，他拿手机偷拍我们宿舍的另一位女生。

我将此事告诉了舍友，谁知她听了之后非常生气，过后将此事告诉了她爸爸，结果她爸爸又打电话给了我们的班主任，事情就此闹大了。有人说，我的同桌可能会被开除，问题很严重。我就跟我的同桌说，这件事的后果由我一人来承担，请你原谅我。同桌很生气说，那有什么用，这下你高兴啦，我要被开除了。后来，班主任正式处理了这件事，同桌没有被开除，但要求他公开向我舍友赔礼道歉。这件事就这么过去了，但它一直影响着我。我本以为告诉我舍友后，叫我同桌删掉就 OK 了，谁知这事闹这么大。这件事发生后，我一直很忏悔、很内疚、很自责，还曾经几次想过自杀，但都被同学发现了，她们及时制止了我。后来，老师一直不放心我，专门安排了一个与我关系比较好的同学和我在一起，监视我的思想和行为。高二分班后，虽然我的同桌和室友都没有和我分到一个班，但我心里一直很难过、很自责、很痛心、很恨自己，一直持续到现在。"

"听了你的诉说，老师心里也很难过，也很能理解你的心情。这件事本来不是什么大事，你的行为本也没错，但就因为你舍友没给你说就悄悄将事情告诉了她父亲，同时，班主任的处理方式也没有顾及其消极影响，这些致使你现在很痛心、很内疚。事情已经发生，已经过去，无法挽回，现在唯一的办法是面对现实，调适自己的心理，努力使自己早日走出心灵的沼泽地。老师建议你以后尽力从以下几方面去努力改变自己。首先，你应给自己积极的心理暗示，肯定地告诉自己，这件事我的做法是对的，我并没有错；其次，努力使自己变得乐观开朗起来，这对你来说很重要；再次，你应多结交新朋友，平日里主动与同学打招呼、问好；最后，对于你的学习来说，不懂的应主动勤问老师和同学，努力把学习成绩提高上来。老师相信你一定能行的。"

"谢谢老师，我会根据您的建议，努力地走出自己的心理阴影的！"这次她终于抬起了沉重的头，坚定地说。

此时，我如释重负，以为事情解决了，但我发现她此时并不快乐，没有一丝笑容。我的脑中瞬间回想起她在前面说过，"也有，只是没有这么严重"。难道在她这件事之前还发生过其他事情？我就很认真地问她："你的学习不理想就仅仅因为这件事？还有其他原因吗？"

在我的这两句问话下，她向我讲述了她的童年生活。

◎ 童年遭遇 ◎

"老师，您说我这个人怎么这么不幸啊！除了上面的这件事深深地影响着我的生活外，我的家庭生活也很糟糕。"她再次大哭了起来，而且哭得更加厉害了。

这时我才明白，原来问题的根结还在家庭。根据我的咨询经验，关于家庭的问题，无非就是父母离婚、父亲或母亲外遇、父母经常闹矛盾、小孩与父母闹矛盾等这几方面，我一一问过之后，她均摇头否定了。这时，我陷入了困惑之中，那会是什么呢？等她哭了好一会儿后，她开始诉说她的不幸。

"我刚满一岁时，就被父母'赶'出了家门，他们把我交给了我外公和外婆抚养。我很爱我外公和外婆，不喜欢我的父母，我与他们没什么共同语言，我回家也很少跟他们谈话。"

"那你现在和谁住？在外公、外婆家吗？你父母为什么要把你交给你外公、外婆抚养？他们都是做什么工作的？他们为什么光生不养？"显然，我的最后一句问话有些失态，她被我的一系列问话给愣住了。我进一步补充说："我的意思是他们为什么不亲自抚养你？"

"我现在和我……父……母、姐姐、妹妹一起住。"在说父母两个字时她挤了很久才说出来。

"姐姐、妹妹？你们家三姊妹？"我恍然大悟，故意反问道。

"是的，我姐姐和妹妹从小一直跟着父母长大，就我跟着我外公、外婆长大，他们很少去看我，很少关心我，我根本就不想认他们是我父母。

他们不是我父母！他们是大坏蛋！他们不是人！"说着她哭得更伤心了。

并且后面几句是吼出来的，情绪很激动、很愤恨。

我的心随着她的谈话一起沉重起来。我基本猜到了，她父母由于受中国封建传统思想的影响，想生个儿子，结果未能如愿。在生了她姐姐后，想生个儿子，结果生出来的是她，于是，父母就将她交给了她外公、外婆悄悄抚养，继续生育，本以为可能会生个儿子的，结果又生下一个女儿，就是她妹妹。她证实说，本来父母还想生的，但最后她妈妈不小心被计生办的抓去了。因此，她就成了父母这场"游戏"中的牺牲品。

后来，她还告诉我，8岁那年，父母没征得她同意就把她接回了家，其实她根本就不想再回去。结果回去后，她很孤独，几乎不和她父母说话，也不太爱和她姐姐、妹妹玩，变得很内向。

◎ 尾声 ◎

听完她的童年经历以后，我尽力地开导她，随后征得她同意，我与她父母取得联系，将她的苦衷转述给了她的父母，她父母也承认确实没有尽到父母的责任，没有给她更多的温暖和关爱，说以后一定要尽力多关心她。同时，我也将她的一些情况告诉了她的班主任，希望他能给予她更多关爱和照顾，让班里的同学多宽容、理解、帮助她。通过家长、老师和同学的努力，她慢慢地变得开朗起来了，学习也进步了。

过后的很长一段时间里，我不定时地经常与她的父母和班主任联系，了解她的学习、生活状况，及时采取对策给予她帮助。

一年后的一天，我从食堂去教学楼的途中遇到了她，她高兴地告诉我：父母现在对她特别好，她也不那么恨父母了；学习也进步了，上学期的期考进步11名。她还向我保证，今年的高考她一定会考个好大学的。8月初，我收到了她给我发来的短信："衷心感谢高老师对我的精心辅导，我已经拿到湖南师范大学的录取通知书，如果没有您的及时辅导，我肯定没法走出自己的泥潭，也肯定考不到这么好的大学。再次感谢您！最后，我要向全世界宣布：我是天下最幸福的人！"这条短信我一直保留在我的手机里，每每看到这条短信，心里总是很甜蜜……

辅导后记

辅导结束了，但是我在想，现在还有不少孩子正经受着由于家庭的原因而造成的伤害，希望这篇咨询手记能给这些家长和孩子们一些启发与帮助。

许多时候，父母不经意间的一些伤害，常常让我们这些当小孩儿的苦苦挣扎许多年。但是，这些年来，我越来越觉得，我们自己也有重新审视和抚平童年伤痕的责任。父母有的时候可能的确给你造成了伤害，但可悲的是至今这些伤害还没有结束，因为你仍然还在将改变自己的希望寄托在他们身上。

也许昨天是我们没有办法控制的，但是今天，当我们不再是些无助的小孩儿，我们每个人就需要为自己的成长负起责任。就如交互作用分析学大师伯恩所说的，"若你曾对自己及他人做了一些早期决定，那么在往后的生命中，也只有你自己有能力改变并做出新的决定"。

真情寄语

自暴自弃，这是一条永远腐蚀和啃噬心灵的毒蛇，它吸取着心灵的新鲜血液，并在其中注入厌世和绝望的毒液。

——马克思

成娟，初三某班学生，性格活泼、开朗，成绩名列班级首茅。在临近中考的前两个月她割了自己的手腕，不过因伤口并不大，并未引起其他同学的注意。然而，时隔不到一个月，伤口刚刚愈合不久，她再次在原来的伤口处割下了一道长 4 厘米、深 1 厘米的大伤口，在医院整整缝缝了 12 针。出现这样的突发事件，是因为初三的学习压力过大，还是另有隐情？让我们一起去倾听她的倾诉吧！

02 优秀女孩缘何割手腕

◎ 引言 ◎

刚接待完一位高三的同学还没 5 分钟，就又有人来敲门了。我开门一看，是一位初三的女孩子。由于是 5 月底了，所以她身穿一件短袖衫，一进门我就发现她手腕上贴了一块白色的纱布，看是看见了，但并未引起我的注意。我请她进来坐下，同时习惯性地给她倒了一杯水，然后开始了谈话。

"今天的体育中考考得怎么样？"因为初一时我教她们的心理课，所以认识她，便这样开门见山和她聊了起来。

"您怎么知道我是初三的？"她很惊讶地反问我。

"呵呵，你们初一时我不是给你们上心理课吗？我不仅知道你是初三的，我还知道你是初三 X 班的成娟同学呢！"我因对她比较熟悉，所以不假思索地回答了她。

"不会吧，我还以为您上课的班级太多，不记得了呢！没想到您不仅记得我的班级，而且还记得我的名字，老师我真的觉得很出乎意料哦！"她非常兴奋地回答了我，而且很激动。

◎ 手腕被割 ◎

我看到她很开心的样子，觉得咨询应该可以开始了，便问道："怎么样，今天来找高老师想聊些什么？"

"高老师，上周我自己割了自己的手腕，您看。"然后她就将包扎白色纱布的带子撕开，给我看她的伤口。

"别撕开，别撕开！"我连忙说。因她是女生，我没有用手阻止她撕开。

"没事，已经基本上要好了，这周六去医院拆线。"她边说边撕开给我看。

"天啊，怎么会这样！你怎么会割自己的手腕，难道你不痛吗？"我简直被她的伤口给吓住了，一条长长的伤口，密密麻麻缝着线。

"没有感觉呀！好像不痛耶！！上周四我很郁闷，所以就割喽！老师，这是我第二次割自己了，上个月我割过一次了，这次跟上次割的是同一个地方。"她蛮严肃地回答我。

"什么？第二次割自己了。第一次割的时候没有人知道吗？没有引起你的同学、老师和父母的注意吗？"我反问道。

"呵呵，第一次割得很小，没有引起任何人的注意。但这一次可不同了，同学都以为我有问题，父母和姐姐也来了，而且班主任也知道了。他们一个劲儿地认为是我在初三的学习压力过大，才这样割自己的。但我感觉这并不是最主要的原因，然而，我也没有弄清楚是什么原因。我姐姐告诉我，让我在很烦的时候，可以用其他的方式来发泄。父母也很痛心我的行为，他们要我保证以后不管遇到什么烦心的事，都不要再割自己的手腕了。但我自己都没有办法控制得住自己割手腕，反正我觉得不痛，而且很过瘾，割了心里就舒服了。我一直很担心下次还会割自己，所以特地来您这里咨询。"她始终保持着很严肃的表情谈话，看不到一丝笑容，偶尔有一丝苦笑。

◎ 爸常骂妈 ◎

"不是学习压力，那会是什么呢？最近有没有发生什么让你感到痛心或烦闷的事？"我也被她的说法搞蒙了，便这样反问她。

"反正我觉得不全是学习压力过大的原因，我认为还有一个事情是我爸爸他们都不知道的，这个才是最关键的。我很烦我爸骂我妈，而且是经常性地骂，骂得很难听，但我妈从来就不还嘴，默默承受。"

"那你爸爸和妈妈的婚姻是否正常，都是干什么工作的？"

"正常呀。我爸爸是个体户，我妈是我爸开的酒店里专门管钱的。"

"那你爸妈感情好吗？"因她回答说正常，所以我故意这样问她。

"很好，只是我爸爸就是这种性格，我爷爷也是这种性格，所以我奶奶很喜欢我妈妈。妈妈经常找姐姐和我出气。总之，我很烦他们两个吵架。"

"那你恨你爸吗？"

"我从来不恨我爸，我爸很喜欢我，对我也很好，我觉得我爸是一个非常伟大的人。他很能干，家里和家族都由他一个人撑着。我姑姑特别爱赌，而且经常输，都是我爸给她钱，我妈对此很有意见。总之，我爸在这个大家庭里是最能干的。"

从她的谈话中，我感觉他们家是一个很特别的家庭，她一方面很崇拜她爸爸，但一方面又讨厌她爸爸骂她妈妈，内心很矛盾。

◎ 父亲外遇 ◎

"那你爸骂你妈，是不是你割手腕的原因之一呢？"我把话题转移到问

题上来，所以这样问她。

"我也不知道，反正很烦他们吵架，一吵架妈妈就找我和姐姐发泄，有一次我妈妈告诉我，爸爸有外遇。我难过了很长时间，怎么也不敢相信我这么崇拜的父亲、这么伟大的父亲竟然是这样一个人，我很久都不能原谅我爸。但姐姐告诉我：你还小，不懂大人们的事，爸爸这种行为也是出于某种需要。过了很久很久，虽然现在我已经接受了这个现实，但我感觉到我潜意识里还是接受不了我爸，而且他老骂我妈妈，我妈妈要不是因为我和姐姐的话，肯定已经离婚了。"

"我发现你妈妈是一位很伟大的人，能承受很多常人无法承受的事情，真是太伟大了。但我感觉你爸爸好像从结婚开始就没有喜欢过你妈妈一样。"

"但我从小到大就发现我爸爸只是脾气不好，他们两人的感情确实一直都很好。老师，跟你说句实话，我现在真的很难接受我爸爸有外遇，他在我心里中的伟大的形象让我很难接受这一点，虽然已经这么多年了。"她一直都低着头，很严肃的样子。

"你爸爸现在还有外遇吗？"

"他从那时到现在都一直有外遇，我爸爸只有周末才回桂林，其他时间都不在，他在外地有企业的。总之，我一直都无法原谅他，尤其是我烦闷的时候。老师，给您说吧，如果上周四的晚上，我爸和我妈不打电话来的话，我可能还不会割自己。"

"是吗？为什么？你割自己是在晚上？"我反问道。

"我那天晚上很烦，结果他们打电话来说话也是冷冰冰的。到晚上大概 11 点时，其他同学都不知道，我就开始割自己了。"

"天哪，如果不是晚上的话，可能你还不会割这么大吧？"

"嗯，可能吧，上次割就是在白天。"

"你爸妈的电话是谁先打来？都说了些什么？"

"我爸先打来，我告诉他我很烦，他就冷冰冰地说，你成天只要学习好就行了，有什么好烦的。他这么一说，我就不想和他说什么了，然后就把电话挂了。后来，我妈也打电话来了，大概也差不多吧，就问问学习，然后就挂了。所以，那天晚上我特郁闷。加之现在临近中考了，我的成绩又猛下降。"

◎ 换班主任 ◎

"你成绩怎么样？"

"唉，别说了，我本来成绩很好的，结果你也知道的，我们初三时换了班主任，以前我们班主任老师对我可好了，她在我们年级 Y 班亲自说过我是如何如何好，说实在的，只有她最重视我了。现在这个班主任，我从来就没有感觉到他的一点重视和关爱。所以，成绩猛降，我觉得很烦哦。"

"那你以前考试在班里是什么位置，现在考试在班里又是什么位置，能告诉高老师吗？"

"以前是班里前 10 名吧，现在不知道了！"

"最近的一次模拟考试，你考了多少分？"我追问道。

"加上体育分一共 560 多分吧。"

"那还不错呀，考普通高中应该没有问题了。能告诉老师今天体育考了多少分吗？"

"晕，我已经很烦自己了，我一直都是想考重点高中的，本来是没问题的，您看现在怎么办嘛！体育，我考了 29 分。"

"考重点高中还是有希望的嘛。29 分（满分 30 分），那很不错啊，只丢了 1 分，是什么项目丢的？"

"投实心球。"

"那如果不是因为你的手腕被割，那你就是满分了。"

"那是我活该，谁让我自己割呀！"

"也不能这样子说，你其实也不想割自己的呀，只是无法控制住自己。"我安慰她道。

◎ 结束语 ◎

我通过和她长达近 1 个半小时的交谈，以及后来和她的聊天发现，她割腕的真正原因是爸爸的外遇和父母的吵架给她带来的长久、深远的影响，尤其是对她性格的影响；同时，她由于更换班主任而"失宠"，由此导致的学习成绩下降也是原因之一；当然，还包括割腕当天晚上父母的电话，假如那天晚上她得到父母的贴心开导的话，可能就不会割自己了。

其实，她后来告诉我，更重要的是她想通过割自己来报复爸爸的外遇和他对妈妈的辱骂，她希望自己的痛苦能唤醒爸爸改掉恶习。于是我在征得她的同意，并让她给我电话号码的情况下，打通了她爸爸的电话，将这些情况转述给了她爸爸。他说自己也没有想到这些行为会对小孩有如此大的影响，同时他也对我说，以后不会再有外遇，也保证以后尽量少骂她妈妈，并主动多关心他女儿。

成娟后来在父母、老师和同学们的帮助下，情绪恢复很快，考前的复习状态也很不错，考上了当地的一所最好的普通高中。

辅导后记

深圳一家研究机构对6所中学的学生进行问卷调查，在影响中学生成长人群排列顺序中，选"母亲"的占33.2%，选"父亲"的占28.8%，选"朋友"的占13.6%，选"爷爷奶奶"的占8.1%，选"老师"的占4.9%。可见，父母对孩子的影响比其他任何群体都要大。家长是孩子学习的榜样，父母的言行举止、喜怒哀乐都对子女有直接的影响，决定着孩子身心发展的方向。案例中成娟的表现就非常典型，父亲的一言一行都对她产生了直接的影响。

现实生活中，父母们总是用自己的思想去体会孩子的心情，"以大人之心，度孩子之腹"。因此，尽管他们对于孩子的种种物质的需求尽量给

第二篇 成长心事

予满足，但父母们给予的往往不是孩子真正需要的，所以仍然不能够使孩子快乐，有时甚至给他们造成了很多心灵上的痛苦。我相信读了这个案例的父母会有所思考和收获的。

在这里，我要特别对同学们说的是，尽管父母对我们的影响很大，但我们必须在成长中学会自我独立，尽量将父母对我们的影响特别是那些负面的影响降到最低，否则吃亏的还是自己。

真情寄语

如果你觉得不幸，永远有人比你更不幸。当我们看到比我们更不幸的人，我们有什么理由抱怨呢？

——约翰·库提斯（残奥会滑雪冠军）

郝文燕，女，12 岁，初一 3 班学生，父母在她出生后两个月便离婚了。她由外婆带大，8 岁那年外婆去世。之后她跟妈妈住在一起，爸爸负责给她零用钱。在她的内心深处没有体会到什么是父爱和母爱，"爸爸"和"妈妈"也仅仅是表面上的称呼罢了。她坦言，她对她的母亲和父亲根本谈不上爱！让我们一起去聆听她的倾诉吧！！！

03 走出心灵的沼泽地

◎ 引言 ◎

2004 年 10 月 11 日下午，两位同学找到我，说她们班有位同学失恋了，急需帮助，问我什么时候有空。我叫她们晚 8 点到心理咨询室来。晚上，两位同学带着郝文燕如约而至。之后她们俩就先回教室去了。我给郝文燕倒了一杯开水，咨询就正式开始了。

"不知道老师能帮你什么？"我主动询问。

"我不知道怎么说？"看上去她好像有些焦虑。

"你怎么想的就怎么说，不用有什么顾虑和担心。在这里谈论的一切都是保密的。"我试着鼓励她说下去。

◎ 心理课风波 ◎

"老师，都是因为你今天的心理课。"她一脸严肃地对我说道。

今天我在她们班上心理课，主题是"班级是个大家庭"，我让她们做了一个"冲出包围圈"的游戏，后就游戏展开了讨论和交流。"冲出包围圈"是一个很简单的游戏：12 个同学围成一个圈（男女混合），里面有 3 个同学，要冲出来，才算获得成功。

她的话让我很惊异，便问道："今天的心理课怎么啦？有什么问题？"

"你叫我们做的那个'冲出包围圈'的心理游戏。我被其他同学挤到与男生的交接处，与一位男生拉了手，这位男生是我一位要好的朋友的男朋友。他拉了我的手后，其他女同学在议论我与那男生怎么怎么样。结果，我去给我的好朋友道歉说：那只是游戏而已，我又不是故意的。我好朋友说她没什么意思，但我看得出她生气了。老师，我不想失去这位好朋友，她很了解我的。"她一口气说道。

"这位好朋友与你有什么关系？"我顺着问了她一句。

"她和我以前都是桂林市××小学毕业的，当时她在 2 班，我在 1 班。"她回答道。

"原来是这样。既然你们是好朋友，她又很了解你，那为什么她不原谅你？你是不是真的喜欢你朋友的男朋友了？"我问道。

"老师，没有！怎么可能嘛！！！是这样子的，那男孩子很受我们班女生的欢迎，因为他对人很好。他坐我后排，我的同桌就是我的这位好朋友，你说我怎么可能嘛！"她说道。

"真的，没骗高老师？"因为她的朋友来找我时说是咨询失恋问题，我开始以为她可能是这个问题，所以就这样反问了她。

"我怎么可能骗你嘛！是真的，我根本就不喜欢他。"看着她一副无奈的样子，我感觉到她说的的确是真话。

说到这里，我就回到原来的话题上来，就问她："那你现在打算怎么对待你好朋友的这个问题呢？"

"不知道，所以来找你了。"

"你已经向她道过歉了，再说这本身就是个游戏而已。如果她真在乎的话，那你就暂时与她走远点，等过两天她气消了以后，你再去找她，可能就没事了。但是以后要注意避免再出现这种问题。"我就这样给了她一个简短的建议。

"哦，老师，我知道了，谢谢您！"她感谢道。

◎ 产生幻觉 ◎

我原以为这个案例可能到此就结束了，可是我观察到她有些不对劲，所以我一直也没说咨询可以结束的话。没过几秒钟，她就对我说："老师，有个问题我不知怎么对你说。"

"什么问题？你怎么想就怎么说吧！没关系，你想好了再给我说吧！"我再次鼓励她说下去。

"好吧！让我想想。"她沉默了大约一分钟左右，然后对我说："老师，我一个人走的时候总感觉后面有两只眼睛盯着我，我经常会回头看看，结果什么也没有，但是我如果不看，就会觉得后面有两只恐怖的眼睛瞪着我。"

她的这些话，让我大吃一惊。职业敏感顿时告诉我，问题现在才真正开始，早恋问题是她对朋友撒的一个谎，而之前的这么多话都是她在试探我。我迅速做出反应，紧接着问："你出现这种情况多久了？"

"小学毕业的假期就开始了，开始我只是晚上害怕，可现在我只要一个人走路，白天也出现这种情况了，就感觉到后面有两只眼睛狠狠地在瞪着我，我真的好害怕。"她惊恐地说道。

"两只眼睛？"我反问道。

"是啊！"她答道。

"那你为什么会怕这两只眼睛呢？这两只眼睛代表什么呢？"我追问道。

◎ 幻觉病根 ◎

"我感觉这两只眼睛像我们班的同学。"

"为什么呢？"

"因为我很怕她们说我的家事。"

"你的家事？"

"我爸妈在我刚出生两个月时就离婚了。"

"你爸妈现在在哪？都在干些什么？"

"我爸现在在香港和国外到处跑市场。我妈和四个老板一起开了一家旅游公司。"

"他们两个现在各自都再婚了吗？"

"都没有。我爸找了很多个女朋友，但一个也没成功。我妈与一个男人交往了很多年，从我记事开始时他们就在一起了。"

"为什么你妈这么多年还没正式与那个男人结婚呢？"

"那个男人有老婆和儿子。"

"哦，那他对你好吗？"

"还可以，可是我不喜欢他。"

"那你现在住在哪里？"

"跟我妈一起住。"

"你的学费谁给你出？"

"我爸爸。他负责我的经济支出，我很少能见到他，他只管给我钱。他总是说我还小，还不懂事，其实我爸根本就不了解我。而且他还说，为什么总是要他给钱？"

"你爱你父母吗？"

"谈不上爱，我已经麻木了。以前老师叫我写关于妈妈的作文，我写了几次都不合格，我看了许多这方面的文章，可是还是写不好。"

"你没有亲身经历，写不好也很正常。你现在有什么打算或计划吗？"

"没有，他们给我钱我就读书得了，其他的暂时没想过。"

◎ 走出困境 ◎

说完这些后，我引导她回到先前的问题上来，就问道："你怕那两只眼睛，那在你的童年有没有被什么惊吓过？"

"嗯……"想了一会儿，她豁然开朗，然后说道："想起来了，很小的时候，我被我表哥惊吓过一次，那次差点把我吓死了，从那以后，我就很怕黑或怕鬼。"

"那就对了，你现在怀疑有两只眼睛在后面盯着你，表明你疑心比较重，加之以前被吓坏了，所以在你的潜意识里留下了很深的印象。"我帮她分析道。

"我的确疑心很重，我不相信这世界上的任何人。"

"你与同学走的时候也是感觉后面有两只眼睛盯着你？"

"有同学在一起走时就没有！"

"那就好了，以后多与好朋友一起走，千万不要一个人独行。"我建议她道。

"好的，知道了，谢谢高老师。"她感谢道。

◎ 尾声 ◎

"对了，老师，我现在特烦我们班的同学说我的家庭背景。"

"他们怎么知道的呢？"我问道。

"我们班有许多同学的父母是离婚的，她们说了自己的家事，我也就跟她们说了我的家事，结果就传开了。而且她们经常说要多给我爱和温暖，我觉得好烦。"她说道。

"同学们说要多给你爱和温暖，其实是她们对你好的表现，只是不应该这样表达，所以就把你惹烦了。但是你要理解同学的好心呀！"我宽慰她道。

"哦，知道了，谢谢老师！"她再次谢我。

"不用谢，以后有烦恼时常来高老师这里，好吗？"我说道。

"好的，我一定常来。"说完，她愉快地离开心理咨询室。

辅导后记

这个案例咨询结束后，我的心久久不能平静，觉得离异家庭子女的心理问题是一个比较棘手的问题。他们从小缺乏完整的父爱和母爱，所以总是出现这样那样的问题。针对郝文燕的情况，我给她的班主任说了，叫她多给这位学生一些温暖和爱；同时，也叮嘱她身边的几位好朋友多给她一些温暖和照顾。从文燕的班主任处，我获得了她家长的电话，并与家长做了较长时间的沟通，家长也自觉愧对文燕，答应我以后多关心孩子。在各方的努力下，郝文燕各方面进步明显，幻觉也明显减少或消失，现在变得开朗多了，我这颗一直悬着的心总算放下了。希望这篇文章能给那些离异的家长一点教育孩子的启发和思考，我便足哉！！

真情寄语

　　成功的花，人们只惊羡它现时的明艳！然而当初它的芽儿，浸透了奋斗的泪泉，洒遍了牺牲的血雨。

——冰心

第二篇　成长心事

他从小学习成绩优异，一直生活较为幸福。然而好景不长，就在他读小学的时候，母亲意外死在他姨娘家附近的河里，几天后家人才找到母亲的遗体。上天真是捉弄人，就在他读初一的时候，他的父亲也因脑出血离他而去。从此，失去父母的他，与姐姐相依为命。通过自己的努力，他以优异的成绩考上了当地的县中。目前已经快要高三毕业了，他却无缘无故地经常双腿发颤，这让他很苦闷，于是他提起电话拨通了我的心理咨询热线……

04 成长的心灵不该太沉重

◎ 引言 ◎

刚处理完班里一个学生的问题，我一屁股坐在咨询室的沙发上，想要休息一会儿，未曾想热线电话突然就响了起来。

"喂，是高老师吗？我想咨询，可以吗？"话筒的另一端传来一位声音低沉的男孩的声音。

"我是高老师，现在可以咨询。"我回答道。

通过语音我判断出这位学生是外省的，便问道："你从哪里打来的电话？"

"我是江西省××市××县中的一位高三理科班的学生，我现在遇到了一个很苦恼的问题想找您咨询。"他仍用很低沉的声音回答。

"什么苦恼？你别着急，慢慢说就是了，高老师会尽力帮你解决的。"我鼓励他说下去。

他迟疑了几十秒钟后，开始诉说他的苦恼。

◎ 双腿发颤 ◎

"我上课时，双腿经常无缘无故地发颤，这已经严重影响了我的学习，成绩直线下降。以前我的学习挺好的，现在已经很差了。我这次打电话就是想您帮我解决这个问题，我现在对这事很烦恼，高老师，您一定要帮我，我求您了!"他不假思索地一口气说了出来。

"上课时，双腿无缘无故发颤?"我随即反问道。

"嗯，已经很久了。"

"双腿无故发颤，你能看得见抖动吗? 你自己是否有明显的知觉?"我追问道。

"有啊，我能明显地感觉到，想控制都没有办法。以前没这么明显，我没有在意，现在很明显了，严重影响我上课，我经常因为这个分心。"

"很久了? 你最开始是什么时候有发颤这种情况的?"

"最开始是在初三吧。那时没有在意，我的学习也蛮好的，所以才考上我们县中。"

"初三?"

"嗯……"

"那在初三时或初三以前，在你身上发生过什么重大事情吗?"职业敏感告诉我，他双腿无缘无故发颤一定有原因，我便从他最初开始有情况时问起。

◎ 父母双亡 ◎

他沉默了大约一分钟，仍没有说话，我意识到了问题的严重性，便鼓励他说:"有什么伤心事，你尽管说，它或许对解决你的问题有用。"

"高老师，我是个孤儿，我父母都已经死了。"他突然一下子哭着告诉我。

"什么，你父母都已经去世了?"我心一颤，他的声音在我耳朵里不断回响，我简直不敢相信自己的耳朵，便急切地反问道。

"嗯……"他便哭得更加厉害起来，根本就无法控制自己。

那一刻，我的心情也跟着沉重起来，一时间也不知道说什么好。我知道此时是该给他发泄的时候，这样的事情虽然已经过去了很多年，但毕竟对他来说还是一个不愿面对的心灵创伤与现实。

过了一会儿，他渐渐停止了哭泣。

"你父母是怎么去世的，能把详细经过说给老师听吗？"我开始反问道。

"我九岁那年妈妈就死了，那时我还在读小学，听到这个消息，我根本不敢相信，我哭得很伤心。当时我就发誓一定要好好读书，不辜负妈妈对自己的期望。"他回答道。

"那你妈妈究竟是怎样去世的呢？"我急切地问道。

"她是在我姨娘家死的，死了几天后才在河里找到的尸体。"

"在你姨娘家死的？你姨娘是你妈妈的什么亲戚？怎么会在她家死？"一连串的疑问在我脑中旋转，我一口气问道。

"我姨娘是我妈妈的亲妹妹，我妈妈为什么死在她家，我们至今还不明白，现在我们和她家相互已经很仇恨了，没有任何的来往。"

"你妈妈的亲妹妹！那是很亲的了。怎么会发生这样的事？这里面一定有原因，你们应该找他们理论去。"我随即说道。

"唉，那时我很小，根本就不知道！"

"那你爸爸呢？他又是怎么回事？他难道也不管吗？"

"那时我还很小，也不知道这些，之后也一直没过问过。"他无奈地回答说。

"你妈妈去世后，当时你的老师和同学对你怎么样，他们对你好吗？"我接着问。

"他们都很关心我，经常来安慰我。可是我很少去理他们，变得很内向。"

"那你爸爸又是什么时候去世的呢？"我反问道。

"我初一的时候，他是得病死的。"他沉重地说道，然后长长地叹了一口气。

"得病死的？得的什么病？"我追问道。

"脑出血！老师，为什么我这么不幸？上天为什么要对我这么不公？很多时候我都想到了自杀，不想在这个世界上活下去了。"他不断抱怨着。

"老师听了以后，心情也很沉重，真为你的不幸而痛心。"我关切地说。

"不过，这个世界总是相对公平的，他让你在这方面痛苦，定会在其他方面让你快乐的。你以后一定会有很大的成就的。"我鼓励他，但说完以后就有些后悔了，感觉自己说的话很虚伪。

"公平？！我现在很自卑！根本就不跟同学交往，变得很孤僻、内向。"他很愤恨地反驳道。

"老师很理解你！也很为你的遭遇感到惋惜。但现已至此，抱怨也无济于事，只有面对现实。其实，你很坚强，你能好好地走到今天已经很不容易了。老师很敬佩你！"我尽力安慰着他。

"其实，在这个世界上不幸的人有很多，但他们都通过自己的努力成功了。比如，我们教材上讲的张海迪就是一个典型。还有，2007年春节联欢晚会上的舞蹈《千手观音》也再一次给了我们心灵的震撼。难道她们幸运吗？你现在虽然父母不在了，但自己很健康呀！相比之下难道不该感谢上帝吗？"我进一步说道。

"嗯，也是！我也应该通过自己的努力和勤奋，争取成功的！"他坚定地说道，声音明显变得有力起来。

"我相信通过你的努力，明年你一定能考上好的大学，将来一定能有所作为的！"我进一步鼓动他。

"谢谢高老师的鼓励！"他很诚恳地说道。

此时，我微微感到了一丝轻松，然而，我突然想起了一个问题，那就是他现在由谁在负责监护，各方面的费用由谁负担。便问道："你现在的学费、生活费以及各方面的开销由谁来给？"

"是我姐姐！"

"是你亲姐姐吗？"

"是的，她已经结婚了！由我姐姐和姐夫负责。"

"结婚了，那你姐姐大你几岁？"

"六岁，我的所有一切都是姐姐他们负责的，他们对我很好！"

"是吗！那你姐姐他们太伟大了。"

"那你的亲戚们管你吗？"我追问道。

"不管，关系一般，普普通通！"

"那像你们这样的情况，政府没有补贴吗？"我接着问。

"以前没有，从今年上半年开始有了！"

"哦！那你现在的班主任和老师对你好吗？"我将问题转移到了他现在的学习上。

"好！还可以。就是我现在双腿发颤很影响我的学习，我很担心。"

"你觉得你的双腿发颤与你父母的去世有关吗？"

"有！"他很肯定地说道。

"你父母的这个问题已经是现实，现在关键的是处理目前导致你双腿发颤的其他原因，你想想看，还有哪些可能的原因呢？"

◎ 高三压力 ◎

他想了大概 20 秒钟后，说道："我现在身边的压力很多、很大，我姐姐和姐夫对我很好，我的学习成绩又不断下降，觉得很对不起他们，心里很愧疚。同时，班主任和老师们对我的无形的压力，以及同学之间潜在的竞争和压力，还有我对自己的要求，都使我很紧张。我觉得它们都是我双腿发颤的原因。我现在很自卑，也很担心高考，越是这样腿发颤的力度越大，恶性循环，现在真的受不了了。所以，我才打电话求救于您，希望您能帮我解决或减缓这个问题。"

听他说完后，我不难发现，临近高考的紧张和压力是导致他双腿发颤的主要原因，要减缓或消除双腿发颤的行为，首要任务是帮他减压。为此，我告诉他这样来减轻高考所带来的压力，供他参考。

第一，就是要有自信心。欲胜人，先胜己！学习中要正确看待自己，充分看到自己的实力，不要求每次考试成绩都十分理想，不要拿自己的成绩跟班上成绩拔尖的同学比，要知道：你在这个班成绩是中下的，在全校也许是中等的，在全省也许就是中上等的了。

第二，就是进行积极的心理暗示。在焦虑、紧张和烦躁时，不妨自我鼓励一下，让他在考试前要不断地对自己进行肯定性的心理暗示："该复习的我都认真复习了，还怕什么呢？考试的内容无非是这些复习过的东西。""和别的同学相比，我花的工夫一点也不少，在竞争中我并没有落

第二篇 成长心事

后，既然如此，我又何必紧张呢？""我已做好充分准备，一定会考好的。"
"只要自己尽力了，我就问心无愧了。""相信自己，一定能考好。""我喜
欢与人竞争，我喜欢高考。"

第三，就是要合理利用时间，学会科学用脑。有时感到压力大，往往
是由于没有把时间安排好，做好时间管理是一件降低压力的好办法。首先
要制订一个计划，计划可大可小，大到每个月、每个学科，小到每星期、
每单元，这样便于科学安排时间，提高学习效率。同时，还要讲究用脑卫
生，注重劳逸结合。另外，每学一个新内容，都要及时掌握及时巩固，这
样就不会感到压力太大，无形中降低了焦虑程度，考试也能应付自如。

第四，就是适当的休息。适当休息可使心理压力大大降低，压力较大
时，不要闷在心里，找你信任的人倾诉苦恼。比如，可以找知心的同学或
要好的老师，如果学校有心理老师的话还可以找心理老师；科学地安排生
活，劳逸结合，能及时消除疲劳；长时间用脑之后应进行适宜的体育运
动，以此减轻紧张度，如在学习中的间隙时间可伸伸腰、踢踢腿、做做深
呼吸等。

第五，就是保证较好的睡眠。充足的睡眠是保证大家精力充沛、心理
宽舒与平衡的前提。每天要保证7～8小时的睡眠时间，晚上不要超过12
点钟才睡觉。同时，在饮食上也可采取一些措施，如睡前喝半杯浓牛奶有
助于入睡。如果一时无法入睡，可躺在床上先不要闭眼，什么都不要去
想，等情绪放松后，再自然地闭上眼睛。

第六，就是充分的复习。过分焦虑主要因为复习准备不充分，所以考
前一定要全面、充分地进行功课复习。具体来说，要根据自己各科的基础
和学习现状，有策略地复习；并认清自己的学习风格，不要盲目与他人比
较，找出适合自己的复习计划。

以上便是我给他的一些建议，我让他回去好好结合自己的实际选用，
看看压力减小后是否还会出现双腿颤抖的情况。大概过了一个多月，他再

次来电告诉我现在的感觉比以前好多了，但是还是有颤抖的感觉，只是没有以前那么厉害了。我让他再做一件事，就是尽量不要把心思放在双腿发颤上来，应主动转移自己的注意力，将更多的注意力转移到复习和其他自己感兴趣的事情上去。

◎ 结束语 ◎

后来有一天，我接到了他的再次来电，他告诉我当年他的高考发挥正常，考上了二本学校。现在，双腿已经没有发颤的情况了，自己也轻松多了。然后，我建议他充分利用在大学时间多读书、读好书，不要轻易荒废大学这宝贵的四年时间，争取将来有一个好的前程。本来我一直担忧着他的学习和生活，他最后这个电话也让我这颗悬着的心终于放下了……

辅导后记

人生存在这个世界上，难免遭遇苦难，苦难就像海洋里的水、沙漠里的风沙，时时刻刻伴随你。法国作家巴尔扎克说："世界上的事情永远不是绝对的，结果完全因人而异。苦难对于天才是垫脚石，对于强者是一笔财富，对于弱者是万丈深渊。"就像月有阴晴圆缺一样，人的一生不可能全都在鲜花和掌声中度过，痛苦和磨难有时也与人生相依相伴。当痛苦降临时，有的人自怨自艾，意志消沉，一蹶不振；有的人则不屈不挠，在与痛苦相搏中，感悟人生的真谛。

人生确实有很多的苦难，但也有很多美好的东西值得我们去珍惜。只有在经历苦难之后，人们才会更加珍爱生活、珍惜生命。受的苦比常人多，才能懂得生命的价值，才能对生活的认知更多，也才会努力面对生活，轰轰烈烈地拼搏、干事业，因为"忧劳可以兴国，逸豫可以亡身"。

苦难有时候也是一种磨炼，经历苦难之后人才会长大，才会对得到的东西更加珍惜！

真情寄语

困难，我们有责任去面对它、解决它。作为新一代的年轻人，我们应该明白挫跌并不可怕，就像我们总是有勇气唱起这首歌：不经历风雨，怎能见彩虹？没有人能随随便便成功！

——洪战辉（CCTV 2005 年感动中国人物）

刚进初中时，她是一位比较活泼开朗的女生，但进入初一下学期以来，她开始变得性格暴躁、情绪低迷。她想了很久就是找不到原因，于是在苦闷中鼓足勇气敲开了学校心理咨询室的门，她想彻底弄清楚究竟是什么使自己的情绪变化这么大。

05 找回遗失的快乐

◎ 引言 ◎

这个女孩前一天来找我时，由于我正在给别人做咨询，所以让她第二天晚上再来。第二天晚上 8 点 20 分，她准时来到了咨询室。请她进入我的咨询室后，我发现她情绪很低落，猜想她可能遇到了什么麻烦，所以就直接进入了咨询程序。

"你是初一的同学吧！最近遇到什么麻烦了？"我开门见山问道。

"嗯，现在不知道怎么搞的，我心情特别不好，而且很容易冲动，性情特别暴躁，很烦，有时很难安静下来做作业和学习，感觉特别痛苦。"她一脸的苦楚，很郁闷地说道。

"以前你是这样的吗？你从什么时候开始情绪低落、性格暴躁的呢？"我追问道。

"以前我是一个比较活泼的人，但自进入初一下学期就开始无缘无故地烦闷起来了，而且有时性格特别暴躁，无法控制自己。"

"初一下学期开始的。那你从初一下学期开始出现过什么使你心烦的事情吗？"我接着她的回答问道。

"初一下学期开始，好像也没有什么特别的事情发生呀！正常!!"她不假思索地回答道。

"不可能无缘无故就情绪低落和性格暴躁吧！据我多年的咨询经验来看，肯定是有原因的。你好好想想看，到底有什么事情发生没有？"由于咨询进入了一个短时的中断期，所以我及时地探究原因。

她苦苦思考了很久，不断地在口中说："好像没有什么事情呀！很平常地过来的呀！"我不断地鼓励她："你再好好想想看，好好想想看。"

在我的鼓励和她的苦思冥想下，过了大约3分钟吧，她突然说："我想起来了。"

◎ 友谊变故 ◎

"老师，我想起来了，这个学期开学以来，我发现我与班里的同学和同宿舍的同学关系淡了很多，以前我们关系很好的，现在不知道是怎么搞的，关系变得离奇地淡。"她有些激动地说道。

"你想过为什么关系会由原来的很好到现在的淡吗？"我追问道。

"可能是我们性格太相像了吧。"她漫不经心地回答道。

"仅仅是这个原因吗？还有其他的原因没有？"我继续问道。

"好像没有了吧。不过还有就是，我们在宿舍里虽然不吵架，但好像进入初一下学期以来就没有多少语言了似的。整个宿舍变得很沉闷，大家都各做各的事。其他的就没有了。"她挤了半天就想出了这些来。

"你们这中间可能出现了什么小问题吧，要不怎么大家都让这个宿舍的氛围搞得这么紧张呢！你说是吧！"

"可能吧，但我也不清楚是什么原因。"

虽然没有弄清楚是什么原因导致她和同学的关系变得紧张的，但可以肯定的一点是，她和同学的相处上出现了友谊淡化的情况，这可能是使她情绪低落和脾气暴躁的原因之一。

◎ 成绩下降 ◎

　　"进入初一下学期以来，除了与同学方面出现一些小问题外，还有什么其他的事情发生吗？"我接着追问道。

　　"还有一个吧，就是不知道怎么回事，我的学习从这个学期一开始就出现了明显的下降，而且这两次月考的成绩都还在滑坡，我很担心这次月考的成绩还会下降，心里烦闷极了。老师你说我该怎么办？"她一口气道出了自己在学习上出现的情况。

　　"怎么会这样呢？你上课能听得懂吗？"

　　"有些听得懂，有些听不懂！"

"听不懂的那些问题，你下课后去问老师和同学了吗？"

"没有！老师和同学都比较忙。我不好意思去打扰老师和其他同学。"

"其实很多时候，老师再忙也还是很欢迎同学去问问题的，如果老师确实很忙的时候，你也可以去问同学的，不少同学也还是蛮乐意帮助同学的。你以后必须打消原来的那个念头，把不懂的问题抓紧时间解决掉，这才是你保证成绩不再往下滑、情绪不再低迷的良方，否则成绩再往下滑，你的情绪还会受到影响，久而久之还会影响你的性格。所以想办法提高学习成绩，是目前缓解你情绪低迷、脾气暴躁的好方法。建议你除了勤问以外，加强理科方面的练习和文科方面的记忆很重要。"

"好的，谢谢老师！这可能是影响我情绪的一个很重要的原因吧，我一直都还没有发现。放心，我回去后一定好好强化我的学习，争取在期考时有较大的进步，还有一个多月的时间，相信我能行的。"她很肯定地告诉我，此时我发现她脸上似乎有了一丝笑容。

◎ 换座风波 ◎

"高老师，我还有一个烦心事最近一直困扰着我，就是我们班主任将我的好朋友（以前的同桌）换走了，现在这个同桌我不太喜欢。我好烦！"她一副很委屈的样子。

"你们班主任为什么要换你们的位置呢？"我问道。

"可能是我和同桌以前坐一起的时候，老是爱讲话吧，所以她就换了现在这位不爱说话的同学和我坐一起。虽然现在我好像不讲废话了，但感觉很不自在、很闷，有的时候想打人，尤其是我现在的同桌，平时几乎一句话都不说，气死人了。"她很气愤地说道。

"呵呵，这个我可帮不了你，但我相信你表现好了以后，你们班主任会通情达理的。其实，你们班主任也是为了你好嘛。对不对？"

"话虽这么说，但我现在就是很烦、很急躁，甚至很想杀人以出口气。"

"杀人可要不得，但老师可以教你一些解除烦闷的方法，你不妨一试。"

"那好吧，你说来听听，我回去试试看！"

◎ 找回快乐 ◎

"如果你遇到烦闷的时候，可以写日记呀，将自己的烦闷情绪通过笔

第二篇　成长心事

发泄到纸上去，这是比较好的一种方法。你可以试试。"

"哎呀，我最烦写日记了，看来这个方法对我不行哦！换一种好不好。"

"那当你郁闷时，你可以到学校的操场上走一走、散散步，放松放松。如果能找一位知心同学一起边走边聊，效果更好。"

"嗯，这个我可以去试试，还有别的方法吗？"

"你还可以和同学一起去打打球，羽毛球、乒乓球等都可以的，如果会打篮球也可以呀，或者去操场上跑跑步也是一种很好的发泄方法。再者，你也可以听听自己比较喜欢的音乐，或听一些激励人的歌曲更好。当然，将几种方法结合起来一起用，效果可能会更好。"

"好的，谢谢！我回去试试，如果不行我再来找你。"

"没问题，欢迎下次再来，当然如果有效了，下次不来了更好。呵呵！"

"应该会这样吧，谢谢老师了！"

辅导后记

看着她开心地离开了咨询室，我终于松了一口气，其实中学生由于各方面的原因而导致情绪低落和烦躁的情况很普遍，关键是同学们要学会自我调节。不记得是谁说过，"生活就像一面镜子，你对它笑，它也笑，你对它哭，它也哭"。有时，快乐如此简单，单纯而又透明，朋友真诚的一声问候、一句祝福，就会让快乐传送心中；有时，不快乐也是那么轻易就走入了心里，失落的感觉不经意间会没有预兆地到来。

朋友问我，你快乐吗？我说我很快乐，因为我快乐与否是掌握在自己的手中的。所以，在结束这个案例叙述时，我建议把快乐的钥匙交给别人掌管的同学赶快行动起来吧，将它拿回来，由自己来掌管，相信你也会像老师一样快乐的……

真情寄语

灰暗的阴雨过后，经过心灵洗刷，见到阳光的心情豁然明朗，顿觉心灵迸发自由的神采，倍感幸福。

第二篇 成长心事

第三篇

学海泛舟

刚刚踏进高中不到三个月，学习成绩优秀的他却被学业压得快崩溃了，身边的同学大都羡慕他的学习成绩，然而他却对自己一点也不满意，甚至自卑到否定自己的能力和实力。自我调整了近两个月，效果还是不好，于是他想到了寻求心理老师的帮助。

01 别让学习把自己逼上绝路

◎ 引言 ◎

"叮叮……"我的手机铃声响起来了，来电显示是陌生电话，我迅速调整好状态，按下接听键。

"喂，您好！"

"您好！请问是高老师吗？"话筒那边传来一位男生的声音。

"您好，我是高老师，请问您是哪位？"我反问道。

"高老师，您好！我是高一的一位新生，您给我们上心理课呢！我最近遇到了些问题，想向您咨询，不知老师是否有空？"他自报家门并询问道。

"有空，晚上 8 点到 10 点我都在心理咨询室值班，你直接来找我就行了，我在办公室等你。你做完作业可以提前来，给督导晚自习的老师请个假。"

"好的，谢谢老师！晚上见！！"

"好，晚上见！"

◎ 压力好大 ◎

晚上 8 点 24 分，第一节晚自习刚下没多久，他如约来到心理咨询室。

"高老师好！我是今天下午打电话给您的高一学生。"一进门他便自我介绍了。

"你好，请坐！我给你倒杯开水吧。"

"谢谢老师！"

"不客气！最近遇到什么烦恼了？"我直奔主题。

"我感觉进入高中后，压力明显增加了很多，刚开始还好，现在感觉压力越来越大，有点顶不住了，所以来找您寻求帮助。"

"进入高中以后，学业压力肯定比初中要大，毕竟一个是中考一个是高考呀，而且从课本的大小和厚度不难发现，高中的知识量增加了许多，深度和广度都增大了。所以刚进高中有比初中还大的压力是正常的。"我用现状的变化让他找到心理的平衡点。

"这个我的体会倒是挺深的，英语单词比初中的多，英语课文也比初中的长了，其他科目的难度也比初中难了，像物理和化学，初中学的只是基础，靠死记硬背还可以，但高中的就靠理解和应用了，上课听懂了并不代表会做练习了。但这些我都能适应，感觉还挺顺利的，毕竟我的基础还算不错吧！"他用亲身经历感受了高中的学习。

"你中考考了几等？"听他说自己基础还不错，我顺便问道。

"一等，4A2C！感觉英语和语文没有考好。"他回忆自己的中考感叹道。

"已经很不错了，能上一等，而且四个科目考上了 A 等，基础确实不错了。你适应高中的学习也挺快的，那么怎么会觉得压力很大呢？应该感到轻松才对呀！是吧！！"我反问道。

◎ 差点自杀 ◎

"我也不知道，反正感觉压力很大，好几次我都想自杀了！但是，想到父母在农村辛苦为我挣钱读书，我就几次压住内心的自杀念头，斗争了几次后，我感觉自己实在是控制不住了，所以来找老师帮我解决！"他压抑地说道。

我意识到这个问题的严重性了，急忙问他："你有没有想过为什么要自杀？"

"感觉学得太累，而且怎么也没有提高，达不到我的目标！"他说道。

"你的目标是什么？"我追问道。

"班里不说第一，至少前三名嘛！"他回答道。

"你现在在班里多少名？"我好奇地问道。

"第一次月考第八名，段考第十名！"他沉重地回答道。

"那很不错了，五十多位同学你能排在前十名，那已经是中上了。"我鼓励他道。

◎ 激烈竞争 ◎

"很不错了？晕，我在我们宿舍是倒数第二！就一个同学考了第十四名，其他全部都是前十名的，三个是前五名的。他们很疯狂的，晚上熄灯后还打手电筒看书！"他反驳我说。

"是吗？那你们宿舍成员的安排真是太好了，学习好的基本都安排在一起了，这是好事哦，有很浓的学习氛围，大家都很认真！应该是随机安排的宿舍啊，怎么都安排在一起去了。"我宽慰他道。

"是啊！我也不懂怎么搞的，就是安排在一起了。我们宿舍氛围确实很好，大家都很认真，很少打闹的，但我感觉就是很压抑。他们能加班加点学习，我不行，我一加班第二天上课准犯困。他们没一个上课犯困的，真搞不懂他们哪来这么好的精神！"他说道。

"你不管他们呗，自己好好学不就得了吗？"

"我做不到，我的目标就是要超过我前面那位第七名的，谁知不但没有超过，反而退步了两名。真是气死我了，我感觉我已经很用心学习了，没有耽误一点时间，但还是退步了。我真不知道我哪里出了问题?"他着急地反问道。

◎ 调整心态 ◎

"其实你太心急了，大家基础都很不错，而且学习也都很刻苦，要想超越别人不容易。你应该放平心态，合理地去看待同学间的竞争，不懂的多向同学请教，相互之间多学习和沟通，共同进步才是最好的办法。还有，第八名和第十名差别也不大，只是每个人由于考试时的发挥不同，结果出现了稍微的偏差，不应过度焦虑和紧张。每个人都渴望成功和超越，但在强大的对手面前，'人比人，气死人'呀!我们只有每天放平心态，以平常心去刻苦学习，有些事情是水到渠成的事。其实，我们做学生的，只要努力了，无愧于自己的良心就好！如果每个人都跟考上清华、北大的学子比的话，那全中国不知道有多少人会去自杀。所以，找准自己的人生坐标，持之以恒地坚持下去，一定会实现自己的理想和目标的，但必须符合自己的实际，不切实际的空想只会不断地打击自己的信心和力量。每个人都渴望成龙成凤，但我们必须从做蚂蚁做起，不断取得成功，不断获得满足，不断获得信心，不断超越自己，最终才能成就自己的梦想。一开始就想成龙成凤，肯定会有很强的挫败感。因此，目前你及时调整自己的心态是首要任务。"我一口气给他说了很多。

"嗯，老师你讲得太对了，我就是心太急，而且攀比心理太强。"他感悟道。

"能找出自己的问题，勇敢地去面对，应该会有所改变的，换一种心情去看待身边的竞争，会让我们的学习和生活更有趣的。"

"嗯，谢谢老师！不过我就是怕考不好对不起家里的父母，所以一直很自责。"

"老师读中学的时候和你的情况差不多，也是农村出来的，父母不懂教育，就跟我说读不下去了就回家种田。但我告诉自己，只要自己努力了，无愧于自己的良心就好。所以，我一直努力着，最后考上了自己理想的大学。你现在的基础比我那个时候好，应该会比老师好很多的。这一点你一定要有信心。温总理说得好，信心比黄金重要呀！"我向他谈起了自己的往事，希望以自己的经历激励他。

"嗯，谢谢老师给我信心！今天跟你聊了以后，我感觉放松了很多，心里的压力好像减轻了不少！"这时，他终于露出了进咨询室以来的第一丝笑容。

"那就太好了，以后再遇到什么烦恼，请随时来找老师。"我鼓励他道。

"会的，谢谢高老师！"

"不客气，再见！"

◎ 结束语 ◎

看着他愉快地离开了心理咨询室，我绷紧的心弦终于放松了，其实像他这样学习优秀、被激烈的竞争氛围压得喘不过气来的同学在现实生活中不算少。希望同学们看完他的故事后获得自己的感悟和体会，让自己的生活和学习充满阳光，开开心心度过每一天！

辅导后记

我们知道，竞争既可以促进学习的进步，也可能使我们身心疲惫。竞争能激发人的积极性，培养人的进取心，锤炼人的坚韧力，也有助于克服不求上进、萎靡不振的现象。竞争还能增强人的智力，促进注意力集中，使想象力变丰富，思维更敏捷灵活。但是，竞争也容易使人在长期的紧张中产生焦虑，出现心理失衡、情绪紊乱等问题。案例中的主人翁就是由于过度竞争导致心理失衡，从而产生紧张焦虑等不良情绪。

因此，我们要学会在竞争中合作，合作中竞争。竞争与合作是统一的，是相互渗透、相辅相成的。没有合作的竞争，是孤单的竞争，孤单的竞争是无力量的。合作是为了更好地竞争，合作愈好，力量愈强，成功的可能性就愈大。

记得有人说过，优秀的竞争者往往是理想的合作者！

第三篇 学海泛舟

真情寄语

　　现代社会是一个竞争与合作的社会，因而需要现代人才不仅应具备竞争意识，更应具备合作意识，既要保持独立的个性，自强，自立，敢为天下先，更要有集体观念和团队精神。

段考刚过，同学们的心情各异，考得好的自然兴高采烈，发挥失常的则十分沮丧、焦虑，吴晓红就是其中一位。她本次段考发挥失常，成绩很不理想，心里很失落，还担心父母问起成绩无法交代。果然，成绩出来不到两天，父母就打电话过来询问她的段考成绩了，她向父母撒了一个"善意"的谎言，向父母虚构了一个成绩，自以为侥幸蒙过了父母这一劫，没想到仅过了一天灾难就来临了，她不得不为自己的善意谎言付出代价。紧张焦虑中，她想到了寻求心理老师的帮助，于是敲开了心理咨询室的门……

02 都是"欺骗"惹的祸

◎ 引言 ◎

刚接待完一位来访的同学，我本想整理案例的。打开电脑不到三分钟，咨询室的门又被敲响了，我整理好自己的情绪，微笑着打开门。

一位身高大约 1.6 米的漂亮女孩跃入眼帘，可是她青春的脸上并没有露出迷人的微笑，而是写满了沉重和紧张。

"老师，您好！请问有空吗？我想咨询！"话语中我看出了她的焦虑。

"有啊！请进来坐吧！"我热情地招呼她。

我边给她倒水边问了起来："遇到什么烦心事了？"

◎ 段考考砸 ◎

"这次段考不知是怎么回事，真是活见鬼了，考得特差！！！"她气愤地说道。

"怎么个差法，让你这么难受？"我问道。

"文科、理科都没考好！只有语文及格了；英语才 87 分；数学简直惨不忍睹，才 67 分；物理跟数学一样，才 63 分；化学稍好一点，76 分；生物刚开始学，考得还可以，85 分，但还是没及格。这个成绩无法让我相信自己是一个高二理科生。没办法，本来想选文科的，但文科将来报考时可选择的学校和专业都比较少，所以我逼迫自己选了理科。好累呀!"她一口气将自己的段考成绩作了一个详细的介绍。

"你 9 月月考成绩怎样?"我问道。

"比这次好多了!! 语文、英语、生物都及格了，数学也是 83 分，物理 71 分，化学虽然没有及格但也是 88 分呀! 相比之下，这次我的成绩明显大面积下滑呀!"她认真地对比着。

"嗯，从数据上看好像是有一些下滑，但两次考试试卷不同、题目不同、难度不同，应该是存在着差异的，要看在班里和年级的排名才知道是否下滑了。你了解了你的排名情况了吗?"我跟她分析道。

"看了，上次月考班里 39 名，这次段考班里 44 名，整整下降了 5 名，气死我了，真是'死死'(44) 呀! 这次真是完了!"她沮丧地说道。

"从分数和排名来看，确实退步了一点。不过没关系了，胜败乃兵家常事嘛! 这次发挥失常，下次重新考回来就好了，反正这次考试的成绩已经既成事实，无法改变，抱怨、自责也无济于事，还不如好好分析分析错在哪里，哪些知识点没掌握好，好好补习补习，争取下次考得更好些。你说呢?"我安慰着她。

◎ 善意谎言 ◎

"嗯，道理倒是这样，我懂。但我无法过我父母那一关! 他们每次考试结束后都会询问我的成绩的。这次也不例外，前天他们打电话问我成绩了。"她说道。

"情况怎么样? 你父母怎么反应?"我问道。

"我骗了他们，没办法，我父母对我的学习成绩太关注了，要是让他们知道我的成绩下降这么多，我肯定死定了!! 所以我就根据我上次的考试成绩虚构了一个分数告诉了他们，说和上次月考差不多，没进步也没退步！听完我的汇报后，他们叫我再努力点，争取有一点进步，到高三才有希望。我本以为躲过了这一劫！！谁知刚过一天，悲剧就要发生了。"她焦虑地说道。

◎ 引发危机 ◎

"什么悲剧？被你父母发现了！"我追问道。

"这周六下午我们高二年级开家长会！！！！！！！！！"她苦笑地说道。

"呵呵……唉，你运气真是太好了！！"我调侃她道。

"老师，你说我该怎么办？我肯定要被父母打死的。本来考差了就要挨批评了，现在罪上加罪了，还欺骗他们！！完了，完了，我彻底完了……"她绝望地说道。

"别绝望嘛！肯定有办法度过危机的。"我宽慰她道。

"能有什么办法？我现在心里一片慌乱，都不知道该怎么办了。在教室里根本就无心学习，所以才跑到你这里来寻求帮助呀!! 高老师，你一定要帮帮我呀，我的命就掌握在你的手里了!!!!"她焦急地恳求道。

"别急，我帮你想想办法，看看怎么做效果会更好一些!"我稳定她道。

"好的，谢谢老师!"

◎ 化解危机 ◎

"就目前的情况来看，有两条途径可以解决这个危机。一条是你父母那里，另一条是你们班主任那里。"我帮她分析道。

"这两条途径怎么做呢?"她问道。

"你父母这条途径就是在他们来开家长会之前，直接跟他们说清楚。把实情告诉他们，并且向他们道歉，请求他们原谅。父母还不至于会把你吃了吧，顶多是非常生气，但你在学校，又不在他们身边，他们再生气也打不到你。等你见到他们时，他们心中的怒火已经平息下来了，对你不会采取什么极端措施的。如果你不敢说的话，就把你父母的电话给我，我可以帮你说出你内心的焦虑和恐惧，我还会帮你说好话，请求他们站在你的角度上想问题，原谅你的过错。"我帮她出第一个主意。

"这个途径不行！不行!! 我父母的脾气我太了解了，特别是我父亲，他很暴力的。我从小被他打着长大，我对他有极其严重的恐惧感，要不我为什么要向他们撒谎呢! 就是怕回去被打!!!! 老师，您说的第二条途径是什么?"她十分坚定地否掉了我的第一条建议。

"第二条途径就是告诉你们班主任，让他帮你保密! 将你的分数改为你说给你父母听的那个分数。"我说道。

"班主任怎么可能帮我做这种事？我不是找骂吗？"她立即回答我。

"这个事情我帮你去沟通，肯定能解决！我在做年级长之前担任0504班班主任时就遇到过类似的一个案例，当时我就帮学生改了分数，效果很好！我是这样做的：首先告诉那位学生，我帮你改了多少分，就相当于你在我这里透支了也就是借了多少分，下次考试你必须还回来。段考后，我帮他加了45分，后来的月考成绩我和他协商后减去了45分，他当时很感动，后面的学习很刻苦、很勤奋，虽然减去了45分，但是还是与过去的成绩持平，说明他进步不少。今天，你的这个情况也是一样，我跟你们班主任商量，让他给你这个机会，你向他借点分数，度过这次危机，下次月考还回来，但你必须打借条哦！白纸黑字还要盖手印为证，如果下次不还，就告诉你父母。你看这个办法怎么样？"我跟她说道。

"高老师，你真是太伟大了，这种主意你也想得出，而且效果这么好，你真是一位出色的优秀心理老师和优秀班主任！我一定按照你的办法去做好，争取下次考试考得更好些，把这次借的分数全还掉！"她兴奋地说道。进来这么久，她终于露出了轻松的笑容。看见她青春洋溢的脸上漾出微笑，我感到心里美极了！！！

"你就别拍我马屁了，呵呵！祝你好运！！做通你们班主任思想的工作就包在我身上了。"

"谢谢老师！！！"她愉快地感谢我，离开了心理咨询室。

◎ 尾声 ◎

当晚我就跟她的班主任联系了，并说明了情况。她的班主任是和我一起入职的铁哥们儿，他爽快地答应了我的提议，并按照我的建议去做了。后来这位学生学习特别刻苦，成绩稳步上升。她一直很感谢我，每次月考后都来给我汇报她的成绩，每次我都鼓励她。从她的班主任处证实，到高二结束前她已经跃居班级第 34 名了，各科成绩都有了一些进步。相信以这种状态迎接高三备考的话，明年她应该会考入一所满意的学校。

第二年，高考结束后，她给我发了一条短信，说自己考了 402 分，差几分上二本线，但已经上了三本线。她家里的经济条件还不错，父母特别高兴，给她选了一所北京的学院，现在她已在该校就读二年级。

辅导后记

善意的谎言是美丽的！这种谎言不是欺骗，也不是居心叵测，当我们为了他人的幸福和希望而适度地扯一些"小"谎的时候，谎言即变为理解、尊重和宽容，且具有神奇的力量，没有任何的不纯洁。

善意的谎言是出于美好愿望的谎言，是人生的滋养品，也是信念的原动力。它让人从心里燃起希望之火，也让人确信世界上有爱、有信任、有感动！！！

善意的谎言能让人找到更多笑对生活的理由。善意的谎言体现情感的细腻和思想的成熟，促使人坚强执著、奋发图强、战胜脆弱，最后绝处逢生。

善意的谎言具有神奇的力量，它可以鼓舞你一次一次继续努力，为了心中的梦想绝不轻言放弃。因为未来的道路完全被欢乐的心情照亮，生活会因此变得更加美好。

真情寄语

虽然说谎并不十分好，可是瑕不掩瑜。有时候，父母的一句鼓励的谎言，让涉世不深的孩子脸若鲜花，灿烂生辉；老师的一句表扬的谎言，让彷徨学子不再困惑，更好地成长；医生的一句宽慰的谎言，让恐惧的病人由毁灭走向新生……善意的谎言不会玷污文明，更不会扭曲人性！

他有很深的伤痛与阴影，有无法言说的悲哀，还有难以排解的担心与害怕。他害怕伤害，害怕别人嘲笑他，害怕那种失落、那种恐慌、那种迷茫……他真的十分郁闷，太逆感，太悲哀，苍凉的感觉时时袭上心头，久久不能挥散。他很矛盾：究竟是生活在自己的世界里，还是活在他人的世界里？

03 找回昔日的辉煌

◎ 引言 ◎

　　周日晚上，我就提前进入了"上班"状态——心理咨询室在周日晚上是开放的。同往常一样，周日晚上如没有学生来访，我一般都会准备下周的课。从晚上七点进入咨询室，我就开始做课件、写教案，刚弄完，正准备要开始"网上冲浪"时，有人来敲门了。

　　"您好！我是高老师，请问有事吗？"一开门我便微笑着说道。

　　"我想咨询些问题，老师您有空吗？"

　　"有空，请进！"

　　一位身高1.7米的男孩，脸色严肃，看上去有些胆小害羞的样子，不过，他看上去好像并不紧张。

　　"你是哪个年级的？"

　　"高二的，高一的时候您给我们上过心理课。"

　　"最近遇到了什么烦心事？"

◎ 好友转学 ◎

　　"我从小就很胆小、害羞，人际交往不是太好。后来，我以优异的成绩考到这里，进入高一后我找到了一个很要好的朋友。但是，现在这位好朋友转学了，我又遇到了很多烦心事，但连个诉苦的朋友都找不到。"他很严肃地对我说。

"是吗？再说详细些。"

"高一时我和一位同学玩得很好，进入高二后，他因某些原因而转学了。由于我性格比较内向，班上的很多同学都认为我像一个小女生，柔柔弱弱的。进入高二至今已经半个学期过去了，我还没有找到一位很知心的朋友，很多烦心的事也找不到一个倾诉的对象，最近越来越觉得自己很没有用。"

"为什么会觉得自己最近很没有用呢？"

◎ 被人嘲笑 ◎

"高一时，我的一位同班同学（现在高二文理分班后还和我一个班）老是来嘲笑我、贬低我。他说我是年级学费 1000 元/学期这一档的垫底优秀生（他是 3000 元/学期这一档的）。每次月考成绩出来后，他总是要到我面前来炫耀他的分数，高一上学期的时候他的分数比我低很多，高一下学期时我每次月考总分只比他高几分了，但进入高二以后我的两次月考总分都没有他高，这一次刚刚结束的段考他的总分比我高出了 27 分。他又拿着试卷来说我，说我怎么怎么不如他，还是每学期比他少交 2000 元学费的优秀生，却没有他考得高！！看见他对我说这些话时的表情我就觉得他的那副嘴脸很恶心。我很想超过他，但每次都很惨。比如，这次化学科段考来说吧，他考了 130 多分，我才考 110 多分，他又嘲笑我说：你还是化学科代表呢，才考这点分？因此，我很郁闷，认为自己真的越来越差劲了，找不到人谈心，所以来找老师聊聊，希望您能解决我的困惑与迷茫。"

◎ 超越自我 ◎

"你的这位同班同学确实很让人讨厌，你以后尽量避开有关他的一切信息，尤其是月考成绩。你现在受他的影响很大，已经严重干扰了你正常的学习和生活，避开他后静下心来好好思考自己的得与失，准备再战。还有就是，你一定要改变一个心理定势，那就是你不是要和他比，而是要和过去的自己比，要超越自我，从而来超越他人。从你的基础来说，通过努力你肯定能超过他的，你现在必须要有这样的信心和决心。我强烈地感到你现在好像被他控制住了，整个人好像就是为了他而活着似的，在他强大的'魔网'笼罩下不能自拔。高老师这里讲的避开他并不是一种逃避，而是一种以退为进的策略，是要通过短暂的逃避而获得更大的超越。"

"我现在很难避开他，他坐我前面那个位子，每次考试后他就回头过来看我的试卷和把他的试卷给我看，所以我很苦恼。"

"你们班主任是谁?"

"×老师。"

"你让她给你换一个座位，如果不方便我去帮你说。"

"谢谢老师，我自己能行，我不想把这事闹大。"

◎ 上课分心 ◎

"好的。你觉得你现在的学习状态怎么样?"

"不是太好，上课老爱走神!"

"思考过为什么老走神没?"

"没思考，但很容易知道，就是受这个人的影响太大，我每次被他嘲笑后情绪都很低落、很自责，总觉得自己很无能，为什么我这么努力，还

是被他超过呢?"

　　"换了座位后应该会好很多的，以后保护好自己的试卷，不给他看，最好自己也不要去打听他的分数，这样你才能静下心来慢慢推倒自己心中的这堵墙。而且有的时候'人比人，气死人'！你目前最重要的是静心、调状态，只要好好调整，你的状态很快就会好起来，学习状态也会好很多的。"

"好的，谢谢老师，我回去尽快跟班主任说换座位，调整好心态，再次找回自己吧！"

◎ 重回昔日的辉煌 ◎

他离开了心理咨询室后，我及时与他们班主任联系上了，他们班主任很爽快地同意尽快给他换座位，不耽误他。第二天中午，我在食堂门口碰到他，他说老师已经给他换了座位，离那位同学很远，现在心里踏实多了，听课的效率也高了很多。

高二上学期的第三次月考结束后，我专门到他们年级长处查看他的成绩和他那位同学的成绩，他比嘲笑他的那位同学总分低 6 分，单科成绩几乎不相上下，看来换了座位、调整状态后他还是进步了不少。期末考试结束后，我又好奇地去看了他俩的分数，这次期考是桂林市统考，题目相对简单些。他们两个考得都很不错，但这次他的成绩高出那位同学 21 分，他终于找回了自己昔日的辉煌，摆脱了那位同学的干扰和嘲弄，重新找回了自我，活在了自己的世界里。

◎ 结束语 ◎

之后的很长时间里，我都没有跟这个学生联系。高二下学期的期中考试结束后，他再次来到我的咨询室，面带笑容，我猜他肯定是给我报喜来了。呵呵，果然不出所料，他说这次段考状态很不错，发挥正常，比嘲笑和愚弄他的那位同学高出 57 分，除数学比那位同学低 3 分外，其他各科都比他好。他很感谢我在他苦恼和迷茫时对他及时的帮助，我笑着对他说："看到你重新找回了昔日的辉煌，老师也为你感到高兴，这些都是你努力的结果，当时你被那种嘲笑和愚弄搞昏了头，一时找不到自我，很正常！由于你的潜质没变，调整了自己的情绪和心态，恢复了自己的学习劲头，所以你成功了，但以后一定要谨记：任何时候都要自己控制自己，切莫被别人操控了。"他微笑着使劲点头。

这个案例虽然已经结束了，但我一直在思考：其实在现实生活中，我们不少同学甚至是成人的情绪经常自觉不自觉地被他人控制住，生活在他人的世界里，很痛苦，但不知道如何解脱，我想这个案例能给目前还备受煎熬的同病相怜者一些思考和启发吧！

辅导后记

有人曾经说过：世界上的人，不是你控制别人，就是别人控制你。我觉得很有哲理。案例中的主人公开始的时候就是被别人控制了，经过老师的辅导后，重新找回了自己，活在了自己的世界里。

接待完这个来访者，还让我想到了同学间的相互尊重。对案例中的两位主人公，我想说的是：尊重，是一种修养，一种品格，一种对别人不卑不亢、不仰不俯的平等相待，一种对他人人格与价值的充分肯定。任何人都不可能尽善尽美、完美无缺，我们没有必要以高山仰止的目光去仰视别人，也没有资格用不屑一顾的神情去嘲笑他人。假如别人在某些方面不如自己，不能用傲慢和不敬去伤害别人的自尊；假如自己在有些地方不如他人，也不必以自卑或嫉妒去代替理应有的尊重。一个真正懂得尊重别人的人，必然会以平等的心态、平常的心情、平静的心境，去面对所有学习上的强者与弱者、所有生活中的幸运者与不幸者。

第三篇 学海泛舟

真情寄语

宽容就是一种爱！尊重他人是一种美德，是一种高尚的情操。只有尊重他人，才能获得他人对你的尊重。所以，善待别人，尊重别人，也就是善待自己、尊重自己。

步入高三，每位同学都开始了紧张的复习，阿强也不例外。他下定决心要好好复习，力争考一个本科学校。但经过一段时间的努力，上周月考完他的成绩让人大跌眼镜，居然有两科的分数是个位数。对阿强来说，这简直难以让自己相信，交卷时他自我感觉还可以，谁知会考出这样的分数，这使他陷入了痛苦和内疚中不能自拔。就在这时，更残酷的现实向他袭来，女朋友突然向他提出了分手。"我该怎么办？我是不是没有希望了？"于是他鼓起勇气，敲开了心理咨询室的门……

04 我是不是没有希望了

我正在心理咨询室浏览着网页，有人敲门了。我习惯性地微笑着开了门，眼前是一位身材魁梧的帅哥，而且我认识他。他叫廖国强，一直以来都是年级里比较调皮的学生，不时还与老师吵架。

"老师，有空吗？"他开门便问。

"有空，请进！"我回答道。

他也认识我，对我印象还不错，进来后也比较随便，不是很拘束，但情绪很低落，看上去很没精神。我便问道："发生了什么事吗？"

◎ 月考惨败 ◎

"我这次月考考得非常差，差得让我无法相信是我的试卷。"他很沮丧地说道。

"怎么个差法？能说详细点吗？"我鼓励他说道。

"物理和化学都只考了9分！真的让我无法面对，我交卷时的感觉至少也有四十几分吧，谁知会这么惨！我上次跟您说，想考三本，看来考专科都危险了。"

"其他科考得怎么样？"我追问道。

"语文101分，数学43分。英语本来可以考80多分的，前一天晚上由于和女朋友吵架，没睡好，所以考英语时睡了好久，很多题都没有做，只考了47分，不过听力只错了4道题。这次就只有语文让我有点信心了，这次作文写得不错，得了50分，这是唯一值得我高兴的事。但是，物理和化学的分数已经完全让我高兴不起来了，只有难过和内疚。我主动给物理老师和化学老师道歉，老师不但不骂我，反而还鼓励我，这使我更内疚了！我很担心自己连专科都上不了。老师，我是不是没有希望了！！！"他将自己的整个考试情况向我描述了一下。

"谁说没有希望了！这些年广西高考的高职高专分数线一般都在260分，现在离高考还有7个多月，只要自己继续努力，就有很大的希望。这个时候就是考验你意志力的时候了，只要6月8日下午5点没到，你就还有希望。现在关键就是你的信心了，中国有句古话：哀莫大于心死！就是这个道理。所以只要信心不滑坡，办法总比困难多。相信自己，就有改变的可能；否定自己，还没上考场就已经输了。所以目前贵在坚持！当然，面对这么低的分数，不难过就是圣人了。你对这个分数感到难过和内疚，

说明你还很在乎你的学习和高考，最可怕的就是对这种分数麻木。所以你应该庆幸，同时努力、努力、再努力！坚持、坚持、再坚持！"

"谢谢老师！但是我现在被打击得一点信心都没有了，这两天一直提不起精神，上午的第一节和第二节课还睡觉。我真的感觉很难过，怎样才能让我更有动力、更有激情呢？"他渴望地问道。

"你面对这个分数，暂时的失落是正常的，也是必须要面对的。至于动力和激情，等自己心情好一点时再考虑。如果这几天还是不开心的话，要学会调节自己的情绪，去打打球、跑跑步、听听音乐、与同学聊聊天，转移一下自己的注意力，我想这样会好些的。当然也可以随时再来找我。"

"好的。谢谢老师！"

◎ 我失恋了 ◎

"我前两天和女朋友吵架了！她在电话里动不动就说分手，真是让我恼火！"

"你跟她谈了多久了？"

"两年多了吧！她是我师姐，去年考上了三本，现在南宁某高校的独立学院读书。本来我的目标就是要考到那里去的，现在让人难受呀！这几天我打她电话，电话关机，发短信，她也不回。昨天我打通了她的手机，她说我们分手吧！我当时无语，但还是同意和她分手了。现在挺难过的，想起来就气，要怪就怪自己，前两年没好好学习，还时常跟老师顶嘴，不好好学习，跟她整天缠缠绵绵的。后悔呀！"

"对你来说，现在确实是最难熬的时候了，除了考试没考好外，感情还破裂。真是雪上加霜呀！"我对他表示同情，这也是一种鼓励。

"我现在是彻底绝望呀！上帝是在惩罚我呀。我现在非常迷茫，找不到方向呀！我的未来在哪里？"

"别怕，只要你度过了这段情绪的低谷期，调整好了情绪，重塑信心，你一定能考上一所专科学校的，将来如果在大学努力学习的话，还可以专升本呢！"

"是吗？专科还可以升本科吗？"他对这个很感兴趣并反问道。

"当然，而且升本科后，两年就可以拿到本科毕业证和学位证了，同时还可以考研究生呢！"

"你没骗我吧，老师！"

"老师肯定没骗你，不信你可以去问其他老师或你的父母！"

"那太好了，我现在要尽量打起精神，继续我的三本目标，实现不了的话，至少也要考个专科学校吧！"

"嗯，只要你努力，只要你坚持，相信 7 个月后你会实现你的目标的。老师期待你的回音！另外，如果以后还有什么问题可以随时再来找老师。"

"好的，谢谢老师！我会的！！！"

◎ 艰难的挣扎 ◎

往后的日子，他多次与自己的内心作斗争。他的语文科相对来说比较好，所以平时经常写日记和写诗，这也是缓解痛苦和压力的一种方法。

忘了是怎么开始

也许就是对你有一种感觉

忽然发现自己

已深深爱上你

真的很简单

爱得地暗天黑都已无所谓

是是非非无法抉择

没有后悔为爱日夜去跟随

那个疯狂的人是我

喔……

I Love You 无法不爱你

Baby 说你也爱我

I Love You 永远不愿意

Baby 失去你不可能更快乐

只要能在一起

做什么都可以

然而世界转个不停……

这是他离开心理咨询室后的第二天晚上发给我的短信，同时向我保证一定会努力奋斗到明年的 6 月 8 日。以后的日子，我与他有过不少短信来往，我不断给他打气和鼓励。

◎ 结束语 ◎

转眼间，高考结束，成绩出来了。他给我发了一条短信，告诉我他考了 286 分，最后被南宁的一所高职院校录取了，同时找到了新的女友……

辅导后记

286 分对于很多同学来说，都算不了什么，但对于他来说，却是付出艰辛和努力后的成绩，发挥了他的最高水平，他用自己的坚持和努力实现了自己的求学梦！

286 分，执著的坚持，汗水的结晶，信心的硕果……

最后，我送几句话给即将参加高考的高三同学吧！祝你们高中头榜！！

高考就是考人生——高考是一场特殊的成人仪式；

高考就是考自信——信心是高考成功的精神支柱；

高考就是考意志——严格监控谨防考试综合征；

高考就是考方法——从记忆入手疏通思维的源头；

高考就是考心态——心脑协调平衡最佳身心状态的标准；

高考就是考复习——教材是复习之本；

高考就是考技巧——把握高考的答题方略；

高考就是考人和——善意看待父母的唠叨；

高考就是考发挥——给自己一个合理的定位；

高考就是考分数——分数是高考的重要目的；

相信自己，你就成功了一半！！

真情寄语

我们应该有恒心，尤其要有自信心！

——居里夫人

童志强是一位高二理科班的同学，最近他发现自己的头常常无缘无故就剧烈疼痛，我问他最近有没有什么特殊的事情发生，他说天天都读书，没发生什么。我建议他去医院做一个全面的检查，他告诉我来之前已经去医院检查过了，没有任何问题。医生建议他去心理门诊看看，很有可能是心理问题，他自己感觉自己很健康，没有去心理门诊。但最近头疼得更厉害了，无奈之下，他想到了心理老师，于是走进了心理咨询室。让我们一起去了解他的苦恼吧！

05 头痛的秘密

◎ 引言 ◎

　　吃完晚饭，我慢步踱回到自己温馨的工作室。咨询的接待时间未到，应该暂无学生来访，我于是打开书柜拿出学校统一订购的《小故事大智慧》一书看了起来。当我正沉浸在故事所启发的大道理中时，办公室的门被敲响了，不用怀疑，十之八九是学生来咨询了。我打开门一看，是一位十分朴素的男孩，看上去很不精神。还没等我说话，他便开始说了。

　　"老师，我有心理问题，不知您是否有空？"他开门见山说道。

　　"有空，请进来吧！千万不要轻易说自己有心理问题，来我这里咨询的同学绝大多数都没有心理问题，仅仅是一些成长中的心理困惑罢了，千万不要给自己上纲上线、贴标签，否则没问题都会搞出问题来的。"我跟他调侃似的说道。

　　"老师，我真有问题，没跟你开玩笑！"他严肃地说道。

　　"什么问题？你说吧！"我也严肃地问道。

　　"我也不知道，反正我去医院检查，没病！医生说我没生理病可能有心理病，建议我去心理门诊。我感觉自己没有心理问题，所以没去！"他说道。

　　"那就对了嘛，没病干吗要去呢！"我接过他的话。

"但是医生说我可能有心理问题嘛，我就一直很担心。"他说道。

"那你自己感觉呢！医生为什么说你可能有心理问题呢？"我问道。

◎ 无故头痛 ◎

106

"我的头不知为什么总是无缘无故地剧烈疼痛，在医院做了全面检查，没有查出任何病变来。所以医生建议我去看心理医生，说我可能是精神紧张所致。"他说道。

"是吗！现在头还痛吗？"我问道。

"嗯，痛！而且这段时间痛得更厉害了。"他说道。

"你家里人有过头痛的病史吗？"我问道。

"从来没有！"他肯定地答道。

"你有过头痛的病史吗？"我继续问道。

"也没有！"他答道。

"那你从什么时候开始头痛的？"我继续追问道。

"高二开学吧！"他答道。

"是吗？就是上学期喽！那时候是什么情况，能给老师详细谈谈吗？"

我问道。

"高二开学时，开始有偶尔的头痛，但痛得不厉害，只是偶尔痛一下，我没把它当回事。到高二上学期期末时，痛得更厉害了，我就有点着急了，但考完后头痛就消失了，我也没理它。但下学期开学后，头痛又开始了，虽然没有上学期期末那么厉害，但比上学期开学时痛的次数和强度大了不少，慢慢地，头痛的频率越来越高。于是，我就告诉了父母，父母带我去医院做了一个全面的检查，才有了开始时我给你说的那些事。现在临近期末考试了，我的头痛得更狠了，所以我忍不住就来找你了，看看是不是医生说的那样，我有心理问题!!"他描述道。

"你在高二时有没有发生什么事?"我问道。

"也没发生什么呀，天天都是读书，挺正常的呀!"他回答道。

"你再仔细想想!"我鼓励他回忆道。

他开始沉默回忆着，我给他时间思考和回忆。大约想了两分钟左右吧，他开口说话了。

◎ 碰上对手 ◎

"高一结束后，我们分了文理科，我选择了理科，我们以前的同学重新分了班，基本上全部打乱了，年级第一名也分在了我们班。我跟他成绩差不多，但每次他都比我要高出大概 30 分左右吧! 我从高一结束的暑假补课开始就制定目标要超过他，但到今天为止过去了差不多一年了，我还是没有超过他，现在和他的差距好像更大一点了，他总分现在比我高出大概有 50 多分了吧! 我快要急疯了。每次考完试他总会来问我考了多少。我每次都很没面子。虽然他不是故意的，只是作个交流罢了，但我一直很在意!!"他一口气说道。

"哦，原来是这样! 其实有竞争对手往往能促进我们的学习，提高自己的自我约束能力，不断超越自己，但我感觉到你好像竞争过度了些，没有用平常心去面对这样的竞争，也没有合理地去评估自己和对手的实力而盲目地去竞争，导致你今天的精神极度紧张。你能告诉老师你平时都是怎样和他竞争的吗？"我说道。

"自从和他分在一个班后，我就疯狂地节约自己的每一秒钟，从早上到晚上的每一点时间我都用上了。早上我一般不到六点就起来了，宿舍门打开后我第一个冲去食堂吃早餐，吃完早餐我第一个到教室读英语。下课十分钟我除了上厕所外，基本不离开座位。中午我基本不睡觉，都在看书。吃饭时间我都是跑着去食堂，吃完后继续看书。晚上晚自习下课后我经常在被子里打手电筒看书，一般12点才睡觉的。"他基本上详细描述了他一天的学习时间。

"天哪，你也太疯狂了吧！这样的学习强度你受得了吗？"我问道。

"挺累的。但是，我心中只有一个目标就是超过他，所以管不了那么多了！"他说道。

"你头痛很可能与这个高强度的学习和精神压力有关！老师强烈建议你合理安排好自己的学习时间，不要安排这么满，如果再这样下去，你高三怎么办？是吧！你必须想办法调整自己的作息时间表，同时安排一点运动的时间，放松心情，增强体质，提高学习效率，这样才有可能让你的学习更上一层楼。我们虽然提倡勤奋刻苦，但必须在身体力行的范围内，切不可透支身体呀！"我跟他分析道。

"嗯，谢谢老师！但是我的头痛一定是这个原因吗？休息好了头就不痛了吗？"他问道。

"这是一个原因吧！还有一个原因就是你的精神压力太大，我建议你调整你的期望值，不要非超过他不可。当然，竞争是好事，但竞争过头了就反而是坏事了。你放弃和他竞争，以平常心去对待学习，我相信你的学习会比现在更好。俗话说得好，'人比人，气死人'，就是这个道理，人只有在轻松的环境里才能发挥最大潜能。当你心情愉快、压力适度，往往是自己的状态最好，你才有可能超越自己来达到超越别人的目的。你说是吧？"我跟他分析道。

"嗯，这个道理我倒是明白一点，但就是想和他竞争。我不想输给他。"他说道。

"其实，你这样做的目的，并不是不和他竞争了，而是想办法让自己

更好地发挥自己的潜能，发挥自己的能量。所谓'有心栽花花不开，无心插柳柳成荫'就是这个道理，道家里的无为之有为也是这个道理，即'自然之道本无为，若执无为便有为'。其实我们做任何事情都必须巧干，切勿蛮干。任何事情都只有巧干，才能提高效率。否则会走入误区，蛮干无效果，做了无用功或效率不高，才是得不偿失呀！你好好想想看。"我说道。

"嗯，我明白了！我回去重新好好规划自己的作息时间表，同时重新思考与他的竞争关系。如果头还痛我再来找您。谢谢老师！"他感谢道。

"不用客气，你只要调整紧张的时间表，把学习安排放轻松些，把晚上的睡眠时间延长1个小时，中午再睡上半个小时，相信你的头痛情况会有所缓解并逐渐消失的。记住，放松心情，调整竞争心态，以平常心面对你的一切，你的症状就会消失的。希望你早日走出苦海，获得新生。有情况可以随时来找老师！"我说道。

"好的，谢谢老师！"他道谢后离开了心理咨询室。

◎ 尾声 ◎

后来，我跟他们班主任联系了，班主任告诉我，这孩子成绩很优秀，学习很刻苦。我建议他们班主任平时监督他的学习和休息时间，适当的时候提醒他注意休息。在老师的帮助和他自己的努力下，他终于没那么紧张了，学习成绩也比较稳定，头痛的症状得到明显改善。高三上学期，我在校园里碰到了他，我问他近况如何，他高兴地告诉我，头不痛了，学习也没有以前那么紧张了，现在学习效率高了很多。他正在努力考复旦大学呢！皇天不负苦心人，高考结束后，他顺利地考上了自己理想的大学。每次回母校，他总少不了到我办公室来坐坐！

辅导后记

　　应该说，我们是鼓励学生竞争的。做班主任的如果发现班里没有竞争氛围的话，还会很着急。因为在这个发展迅速的年代，激烈的竞争已经无处不在，一个学生要是没有竞争意识，将来在社会中的生存就会遇到困惑。但是如果同学间竞争味太浓，到处都弥漫着火药味，也不是老师想看到的，这样的竞争只会使同学间的关系更紧张。

　　其实最理想的状态是，同学间相互竞争，但更多的是彼此的合作。同学间在竞争中要消除嫉妒心理，讲求协作精神，达到百舸争流的境界。同时，还要热爱生活。热爱生活会使我们始终保持着一份开朗乐观的心情。另外，不要苛求永远成功的辉煌，也不要计较一时的得失。我们要感谢生活，理解生活，让自己拥有一个好心境，才能够活出一份轻松、一份从容、一份洒脱，人生就能更精彩。

真情寄语

　　要想成功，你需要朋友；要想非常成功，你需要的是比你更强大的对手！

　　　　　　　　　　　　　　——欧纳西斯（希腊船业大亨）

　　树有长短，人分高低，水有清浊，面分丑俊。忙碌在大千世界的芸芸众生，既离不开竞争，也离不开合作。

第三篇　学海泛舟

第四篇

人际在线

刚踏入中学的门槛，大家都争先恐后地相互交往，彼此都热情很高，相互之间的感情也比较好。但好景不长，不到三个月，相互之间的矛盾慢慢浮出水面，关系开始微妙起来。群体交往开始慢慢分化，小圈子的友谊开始多了起来，个别同学慢慢开始被"孤立"，刚开学时的热情和刚刚建立起来的友谊与现在的被孤立让某些同学感到难受和压抑，"我到底怎么啦？"成了自己心中的疑惑和不解。友谊难道如此不耐磨？让我们一起去倾听她的故事吧！

01 友谊难道如此不耐磨

114

◎ 引言 ◎

上完下午第八节课后，我跟同事一起出去吃晚饭，饭后回到了心理咨询室。刚吃饱，一屁股坐在椅子上，感觉真放松，疲惫一天终于可以休息会儿了。我打开电脑浏览起新闻网页，刚刚看了下新闻目录，咨询室的门就被敲响了。才七点钟，会是谁呢？我边想边去开门。打开门一看，一位女生，一眼看上去挺高大的，一时半会儿还看不出是哪个年级的。

"你好，请问有事吗？"我主动问道。

"高老师好！我想咨询些问题，不知老师是否有空？"她询问道。

"有空！请进来吧！！今天怎么这么早来，才七点呢！一般八点才开始咨询的。"我边请她进来边调侃着。

"不好意思，打扰老师了，我专门跟督导晚自习的老师请了假来的，我想咨询完回去还要做作业呢！"她诚恳地说道。

"不打扰，我现在不是空着嘛！"我边说边给她倒了一杯开水。

"你哪个年级的？"我随意问道。

"老师，我初一1班的，你不是给我们上过课吗？"她微笑着说道。

"哦！不好意思！！我上课的班级太多，没记住，抱歉！"我带着歉意说道。

"没事！学生那么多，你不记得也很正常！！"她宽容地理解了我。

"今天来想跟老师聊点什么？"我轻松地问她。

◎ 我想转学 ◎

"老师，我想转学！"她突然说道。

"为什么呢？"我急切地问道。

"这里的同学和老师都不好！"她回答道。

"是吗？怎么回事呢？你详细说说看。"我鼓励她说下去。

"老师还勉强可以了，就是感觉同学特别不好！"她说道。

"同学怎么不好法？"我继续追问。

"她们都不理我了，孤立我！"她说道。

"你想过为什么她们要这样对你没有？"我询问道。

"我想过，感觉自己并没有什么呀！也没有得罪过任何同学。不知为什么她们突然这样对我！"她苦恼地说道。

"你保持沉默呗！惹不起还躲不起吗？"我给她出主意。

◎ 舍友讽刺 ◎

"可是她们在宿舍经常讽刺我。真让人受不了！"她说道。

"只要她们不点名道姓地骂你，你就当什么也没发生。这样可以避免矛盾的进一步恶化。"我开导她。

"嗯，这个倒不会，我一般不和别人吵架的。只是她们在那里说我，我觉得挺难受的。"她说道。

"有的时候可能是你过于敏感，也许她们说的不是你呢！"我继续开导她。

◎ 难道友谊如此不耐磨 ◎

"有可能，但我感觉她们是在说我！其实，我以前和她们相处得很好的，大家彼此都很关心对方，关系特别好，一起吃饭一起回宿舍，感觉情同姐妹。但进校后大约一个半月左右吧，大家就开始慢慢疏远了，某几个同学开始玩得比较好，还有另外两个同学也玩得比较好。我到现在都还弄不清楚为什么这么好的友谊说分就分了，难道友谊如此不耐磨？"她回忆道。

"这很正常，刚开始进校时，同学间彼此都不认识，大家都渴望交往，都会把自己的优点展示给别人。但是，等不了多久就玩熟了，认识慢慢开始加深，相互之间的缺点和矛盾开始显露，必然会导致关系的淡化，会从开始时的群体交往到后阶段的小群体交往或单独个别交往。这里面并不是说你得罪了谁或没得罪谁的问题，而是大家在交往中慢慢发现跟自己志趣相投的人就走在了一起，观点相左的就分道扬镳了。你现在就是出现了这种情况。"我跟她分析道。

"那我该怎么与她们交往呢？怎样才能找到自己的知心朋友呢？"她疑惑地问道。

◎ 寻找密友 ◎

"首先，不和她们发生任何冲突这是交往的底线。其次，慢慢地了解她们不和你玩的原因。最后，待人宽容、大度些，切勿斤斤计较，慢慢地关系会改善的。我以前带班时，初一时候在宿舍里打架的两个女孩子，到了初三就成为形影不离的好朋友了，后来我想给她们换宿舍她们都坚决不同意，这就说明同学间的交往需要磨合。同时，交友强迫不得，不是说我没有朋友你就必须做我的好朋友，那样会出问题的，关键是随缘！！彼此有共同语言，志趣相投才更容易成为密友。其实，没有朋友也不一定就是最难受的，很多时候孤独不一定不快乐。读书就需要忍受孤独，才能静下心来学习，否则你刚看一点书，同学就来打扰你了，未必好！当然，我不是提倡不交朋友，我是说如果暂时没有朋友也不要紧，可以将精力转移到学习上来，可能在学习的过程中你不知不觉中就找到了自己的密友，因为都有共同的爱好——看书、学习等。你说呢？"我说道。

"嗯，我现在有一个好朋友，但她不是我们宿舍的，在另外一个宿舍。"她说道。

"那挺好呀，不在同一个宿舍，起码在同一个班嘛！其实在班里的时间比在宿舍的时间多多了，在宿舍的时间除了睡觉外，基本上可以说很少了。"我鼓励她道。

"也是哦！谢谢老师的开导，我现在心情好多了！"她笑着说道。

"那太好了，其实就是一种心境，你想通了就开心了，想不通就郁闷。很多时候，其实快乐与否由我们自己决定，但不少人都把快乐的钥匙拱手交给了别人，所以他始终不快乐！祝你在以后的学习生活中找到更多的快乐！以后有任何问题可以随时再来找老师。"我鼓励她。

"谢谢老师，我会的！"说着，她微笑着离开了心理咨询室。

辅导后记

看着她愉快地离开了心理咨询室，我感到一阵轻松。人际交往问题是中学生的一个热点问题。我国著名心理学家丁瓒说过："人类的心理适应最主要的就是对人际关系的适应。"这说明人对环境的适应，主要是对人际关系的适应。有了良好的人际关系，人才有了支持力量，有了归属感和安全感，心情才能愉快。文中主人翁主要由于在适应初中的人际关系环境中遇到了挫折，在人际交往中出现人际关系敏感问题，对同学比较敏感和多疑，心里感到紧张和不安，进而觉得自己与周围的人格格不入，产生心理压力，遂产生转学想法。通过与她的沟通后，她重新认识和评估了自己的人际交往，重新燃起了交往的信心和希望。希望同学们能从这个案例中得到一些与人交往的启发和思考。

最后，请大家记住，尊重、真诚、宽容、信任是人际交往中非常重要的原则。

真情寄语

人类的心理适应最主要的就是对人际关系的适应。

——丁瓒

一位心理学家做过这样一个实验：在一个刚刚开门的大阅览室里，当里面只有一位读者时，心理学家就进去拿椅子坐在他或她的旁边。实验进行了整整80人次。结果证明，在一个只有两位读者的空旷的阅览室里，没有一个被试能够忍受一个陌生人紧挨自己坐下。在人与人之间的交往中，不同的人际关系存在着不同的人际距离，如果超越了默认的人际距离，问题就来了，本文中的主人翁就是这样的情况，情同姐妹的好朋友之间跨越了默认的距离，结果……

02 朋友再好也有界

◎ 引言 ◎

今晚真忙呀！刚刚送走一位高三的同学，坐下来还没到两分钟，就又有人敲门了。开门一看，三位女同学。

"高老师好！我们想咨询!!"她们齐声说道。

"是吗？三个???"我反问道。

"是的!!"她们三个笑声不断，一点也不像来咨询的，我还以为她们来故意捣蛋呢！便说："我这里只接受个别咨询，你们一起不方便，一个一个分开来吧!"

"老师，我们的问题是同一个问题，不用分开的。"她们说道。

"哦，那好吧！你们都进来坐吧!!"我同意了她们的请求。

"谢谢老师!"她们笑嘻嘻地进来了。

"你们是哪个年级的？"我询问道。

"初二年级的!"她们齐声回答。

"哦，想跟老师聊点什么呢？"我引导她们开始进入咨询。

三人相互推脱了一下后，一致同意让其中一位代表说。

◎ 友谊破裂 ◎

"我们和好朋友闹矛盾了!!"那个女孩说。

"怎么回事呢?"我问道。

"情况是这样的:我们四个女同学是同一个班的,而且一直是同宿舍的舍友,从初一到初二,我们一直是形影不离的好朋友,每天、每时、每刻都在一起,一起去食堂吃早餐,一起去教室,下课一起玩耍,中午也是一起做值日,一起去食堂吃饭,一起回宿舍休息等,可以说是密友,用我们桂林话说就是狗肉朋友(形容关系特别好的朋友关系)那一类。一年多以来,我们一直是这样,大家都很开心,互帮互助,感觉就像一家人,不分彼此,学习上也相互帮助。她是我们四人中学习最好的一位,在班里一般都是前五名,在年级里也是前二十名以内。但是,她也是我们四人中最有个性的一位,不过我们都能理解和容忍,大家一起过得很开心。进入初二以后,我们四人之间就开始出现矛盾了,主要是她与我们三人的矛盾。从上学期开始,她分别向我们三个借了好多钱。她说还但一直都没有还,几次我们善意提醒她,她说下周还,但至今都一个多学期了还是没有还,现在她几乎再也不提还钱的事了,而且慢慢和我们三个疏远了。我们也不好意思开口直接问她要钱,但我们也没有多少钱呀!真的很无奈,现在我们跟她的关系更紧张了,都不知道怎么跟她说。她老问我们为什么不等她了,我们一直不好说。但是我们也不想孤立她,毕竟大家都是好朋友嘛,但是她也太不像话了。我们也不敢跟她家长和班主任说,怕伤害她。现在真的很矛盾,不知道该怎么办?"她一口气说了她们的事情。

◎ 借钱不还 ◎

"她分别借了你们多少钱？"我询问道。

"借了银广英 174 块，借了肖艳 127 块，借了我 95 块。都是分几次借的，单是银广英就被借了 4 次。"她说道。

"既然你们知道她有借不还，那为什么还要借给她呢！你们不是故意让她负债累累吗？"我反问她们。

"我们都是好朋友，她都知道我们有多少钱，当时她买东西急需钱，说下周回来就还，不借怎么可能嘛！"她们苦恼地说。

"嗯，也是，那就还是直接跟她说吧，让她分批还吧，一次还这么多钱可能有困难。"我提出建议。

"我们就是说不出口！怕伤害到了她。"她们齐声说。

"你们不说让彼此都很难受，与其这样还不如直接给她说明清楚。如果怕伤害她，可现在你们的关系不是已经开始出问题了吗？不说更麻烦！"我跟她们分析道。

"嗯，那好吧，我们回去试试！假如我们跟她说了，她还是不还怎么办？"她问道。

"那就只能跟她家人或班主任出面来解决了。但最好不要采取这种方式，如果采取这种方式的话，你们的友谊可能就彻底破灭了。这是一种万不得已的情况下才这么做的。建议你们耐心地多次提醒她，然后分期分次还你们会比较好。"我给她们出主意。

"好的，谢谢老师！还有一个问题就是我们以后怎么和她相处？"她问道。

"你们三个对她持什么态度？"我问道。

"当然不想和她分开喽！！"三人齐声回答道。

"那就得了呗！继续交往就行了，她肯定也不想和你们分开，从心理学的角度看，没有哪个人想孤独的，都有与人交往的渴望，更何况你们以前还是情同姐妹的'狗肉'朋友呢！"我鼓励她们道。

"好吧，我们回去试试看。谢谢老师！"她们说道。

"不用客气，后面还有什么事可以随时来找老师。祝你们催债成功！关系恢复如初！！"我预祝她们道。

"好。谢谢老师！老师再见！"她们七嘴八舌地议论着，离开了心理咨询室。

◎ 尾声 ◎

后来，我在二楼办公室的走廊上碰见了她们中的其中一位，我问她那个同学还钱了吗？她告诉我那个同学分了4次总共4个多月还完了欠她们的钱。现在那个同学和她们相处还可以，但没有以前那样亲密了。那个同学现在和班里的另外一个同学比较好，平时很少再跟她们三个一起玩，但课间还偶尔聊聊天。

辅导后记

在现实生活中，我想这样的例子还不少。问题的根源在于超越了人际距离。比如，案例中的四位同学，她们是密友关系，而不是亲人关系或恋人关系，但那位借钱的同学将密友关系的人际距离升级为更近的距离就出了问题。其实在现实生活中，再好的朋友也是有界线的，不同的交往程度就有不同的人际距离，盲目超越将带来麻烦。

美国人类学家爱德华·霍尔博士研究发现："人际距离"可区分为 4 种：亲密距离（0～0.46 米）：通常用于父母与子女之间、情人或恋人之间，在此距离上双方均可感受到对方的气味、呼吸、体温等私密性刺激；个人距离（0.46～1.2 米）：一般是用于朋友之间，此时，人们说话温柔，可以感知大量的体语信息；社会距离（1.2～3.6 米）：用于具有公开关系而不是私人关系的个体之间，如上下级关系、顾客与售货员之间、医生与病人之间等；公众距离（3.6～7.5 米）：用于进行正式交往的个体之间或陌生人之间。社会情境决定了人们选择哪一种距离进行交往，但都必须有分寸地保持一定距离而不越轨。案例中的那位同学就是超越了个人距离，单方面进入了亲密距离使得她被孤立起来，当然更重要的是她拖着不还钱让同学对她产生了不好的印象，最终她自己也不好意思再与之交往下去，寻找了新的朋友。这给我们所有的同学以思考：注意保持适合的人际距离是人际交往成功的重要保障。同时，借别人的钱应当及时归还，如果一时半会儿还不了，应给同学说清楚，约定下次还钱的时间，切忌不说也不行动，让人误解，导致关系破裂。

真情寄语

亲密并非无间，美好需要距离！

方芳，初二年级学生。在她两岁多时父母就离婚了，从法律上她被判给了爸爸。往后的日子她一直跟着爷爷奶奶长大，父母基本上不管她。然而，上帝总是捉弄人，在她7岁时爷爷因癌症离她而去，不到一年，奶奶也跟随爷爷去了。就这样，刚满8岁的她就失去了最深爱的两位亲人，无奈之下只能跟父亲一起生活。然而悲剧再次发生了，父亲是一个暴力分子。她不听话时差点被父亲打死，好在有阿姨（父亲的女朋友）才幸免于难。如今进入叛逆期的她，再也忍受不了父亲的折磨，她决定与父亲断绝父女关系，让我们一起去聆听她的哭诉吧。

03 不能丢失的亲情

◎ 引言 ◎

周二下午5点27分，我的手机响了，来电显示是陌生人电话。

"喂，您好！请问找哪位？"我习惯性地接了电话。

"您好！是高老师吧！我是初二的一位学生。我现在遇到很大的麻烦，想找您咨询，不知老师什么时候有空？"电话那边传来一位女孩的声音，她急切地问道，从听筒的那边我能感受到她在哭泣。

"有空，您现在在哪里？"我问道。

"在学校门口的电话亭。"她说道。

"那您直接到四楼心理咨询室来吧，我在这里等你！"由于事情比较紧急，我就破例在非心理咨询值班时间接待了她。

过了三分钟左右吧，她来到我的办公室，我的门没有关，她敲了门后就直接进来了。一眼看上去，她个子高挑、清纯美丽，惹人喜爱！一进门，她就打招呼了："老师好！"

"你好！请坐吧！我给你倒杯开水吧。"我热情地招呼她。

"谢谢老师！"她感谢道。

"刚才你怎么了，好像你哭了吧！"我关切地问道。

◎ 父亲暴力 ◎

"嗯，我在校门口的电话亭给我父亲打了个电话，他就在电话里训我，说周末回去要打死我！问我到底还读不读书，不读就回去了，别在这里浪费他的钱。"她说道。

"是吗？发生了什么事情让你爸爸发这么大脾气？"我问道。

"上周我去外面买东西丢了 100 块钱，这是他给我的零花钱。我丢了后不敢告诉他，然后就找同学借了用，后来我找他要钱来还同学时，他问给我的钱去哪了？我说用了，然后他就很生气，说我乱用钱，在学校瞎混，浪费他的钱。"她说道。

"你父亲是做什么工作的？"我问道。

"开车的！每天都很辛苦。"她答道。

"那就对了，你父亲赚钱不容易，你骗他把钱花了，他肯定很生气。你要站在你爸爸的角度想问题呀！"我开导她道。

"这个我理解，但我爸真的很暴力，上次我因为在学校调皮，班主任告诉他后，他回去把我关起来打，差点把我打死了。我最怕他了！！"她说道。

"他打你时，你妈妈都不管吗？"我问道。

◎ 父母离婚 ◎

"我母亲和我爸爸很早就离婚了，法律上我被判给我爸爸！"她说道。

"你多大时她们离的婚？"我问道。

"我爷爷奶奶告诉我，我大概不到三岁时，他们就离婚了，之后我一直跟着我爷爷奶奶生活，他们对我特别特别好！我读小学二年级时，爷爷

就患肝癌去世了，当时我简直就要疯了。爷爷临终时叫我以后好好听奶奶
的话，认真读书，将来考个好的大学。但是，上帝总是喜欢捉弄人，就在
爷爷去世不到一年的时间，奶奶也跟随爷爷去了。当时我才八岁，读小学
三年级，我几乎快要崩溃了。人生中对我最好的两位亲人都离我而去了，
当时我自己都不想活了，但是奶奶临终前告诉我以后要听爸爸的话，实现
爷爷的梦想，这样她和爷爷在天之灵就心满意足了。听着奶奶的话，我答
应奶奶一定做到。之后的很长一段时间里，我都沉默寡言的，直到五年级
才有所改善。但我父亲脾气特别不好，我经常挨他打。妈妈告诉我，当年
就是由于父亲太暴力，所以她才离婚的。我自己也搞不清楚，妈妈老说爸
爸有多么多么的坏，在爸爸面前，爸爸也说我妈妈多么多么没有良心，反
正我都不知道听谁的了，他们两个每次见面都吵架。我难受极了！"她几
乎哭着说道。

"你真的很不容易呀！听了你的哭诉老师心里也特别难受。你父母他
们各自重新结婚了吗？"我心里也特别沉重，为她的不幸感到伤痛，觉得
她真的很坚强。

"都没有结婚，我爸爸找了一个阿姨，但一直没有结婚，阿姨对我挺
好的，但也经常被我爸爸欺负，前段时间我爸爸还说要和我阿姨分手呢！
我妈妈也找了一个男朋友，也是一直没结婚，听说那个男人有老婆和小孩
吧。"她说道。

"那你能坚强地走到今天，真是非常了不起了。"我鼓励她道。

"没什么！只是我特别怕我爸打死我！"她说道。

"你父亲这是家庭暴力！你可以直接去妇联和律师事务所告他去!!"
我气愤地说道。

"我也曾经想过这样，但他毕竟是我亲生父亲呀。我始终做不出来。"
她很矛盾地说道。

"嗯，也是，你真懂事!!"我表扬她道。

"那怎么办？你总得解决这个问题吧，否则你父亲哪天如果失去理智真把你打出问题，那就遗憾了，作为老师来说，我都会很自责的。"我说道。

"我也不知道怎么办？我想最好的办法就是我离开他，跟他断绝父女关系。然后，他就打不了我了，我就可以摆脱他的魔爪了。"她天真地说道。

"但是你现在还是未成年人，没有独立的经济和生活能力，离开爸爸你将不能生存。而且，你和你爸爸断绝父女关系也不太现实和可行，毕竟他是你爸爸呀！我理解你被他毒打的悲痛遭遇。只能想其他办法了！"我宽慰她道。

"那怎么办？老师，我真的很惧怕我爸爸，上周我就差点被他打死了，后来我被他锁在屋子里面，是阿姨把我放出来的。"她说道。

"只有一个办法了，我跟你爸爸沟通，你看如何？"我问道。

"能行吗？我爸不是更要打死我了。"她担心道。

"我想你爸爸还不至于到达这个极端吧，我跟他好好沟通应该可以缓解这个矛盾的。试试看，好吗？"我说道。

"好吧！谢谢老师!!"她说道。

◎ 与父沟通 ◎

后来她把她爸爸的手机号码给了我，我拨通了她父亲的电话。她父亲还在生女儿的气，在电话那头发牢骚。后来我跟他约定时间见面，他爽快按时来到了学校，跟我作了大概一个小时的沟通，说孩子怎么怎么地不听话，自己怎么怎么地不容易。

针对父女俩的矛盾，我让他们两个在我的办公室做了角色互换游戏，反复让他们体验，然后让他们说感受和体会。在他们多次相互交换角色后，双方都体验到了对方的不易和困难。于是她向爸爸道歉了，爸爸感动地流下了泪水，也给她道了歉，并保证以后不再打孩子了。看到他们这些感动的场面，我也受到了感染，觉得这对父女也真的很不容易。

◎ 结束语 ◎

在后来的时间里，我通过她的班主任了解到，她爸爸自此以后再也没有打过她，她的学习成绩也比初二时进步了很多，中考她考取了"一等"（4A2B）的好成绩，被桂林某重点中学录取了。现在学习状态非常好，她告诉我她一定要实现爷爷对她的期望。

辅导后记

半个世纪前，心理学家就发现：父母的养育风格，直接决定了亲子交往的质量，是影响教育效果的神奇"开关"，对于孩子的社会交往技能的发展影响深远。

严格不一定就是好！一味地要求孩子，当孩子没有达到标准时，即以责骂或是打骂孩子的方式管教，其实并不能达到真正的效果。这已经被很多家长所证实。案例中的父亲如果早点结束打骂孩子的教育方式，相信孩子的成长会更好些，心灵的创伤会更小一些。希望本文能给爱使用暴力的家长一些启示吧！

真情寄语

　　父亲和母亲是如同教师一样的教育者，他们不亚于教师，是富有智慧的人类创造者，因为儿子的智慧在他还未降生到人间的时候，就从父母的根上伸展出来。

——苏霍姆林斯基（苏联教育家）

新学期伊始，班级里来了新老师，最重要的是连班主任也是新老师。大家都在急急忙忙认识新老师、接纳新老师、走近新老师。小娟也不例外，她也在努力与老师沟通，希望与老师建立良好的师生关系，为将来的学习打好基础。但不知为什么，她在与班主任沟通的过程中发生了误会，导致了她们现在的关系紧张。在几次沟通不畅的情况下，她越发烦恼了，毕竟天天都得与班主任见面呀。无奈之下，她决心找心理老师帮忙，化解这个她很不想发生的矛盾。

04 新老师，让我喜欢让我忧

◎ 引言 ◎

有天晚上，我正在教室里陪学生看《新闻联播》，有学生提示外面有学生找我。我出去一看，是一位高二的女同学，她身材高挑，穿着时尚，是属于性格开朗的那类女生。还没等我说话，她便开了口。

"老师，您今晚有空吗？我想咨询！"她询问道。

"有空！我跟别的老师说一声就去四楼办公室！你等我一下！！"跟督导晚自习的科任老师打了招呼后，我就跟她一起到心理咨询室了。

由于路上不方便说事，我们边走边闲聊，我顺便问她是哪个年级的，她爽快地告诉我她是高二文科一班的，家住桂林市区，父母都是公务员。简短的闲聊后我们到了办公室，我习惯性地给她倒了一杯开水后，就直接进入主题。

"遇到什么烦恼了？"我关心地问道。

◎ 师生矛盾 ◎

"我和我们班主任最近吵了一架！很不爽！！我现在越发觉得老师在故意针对我、找我的茬，对我很有意见。"她气愤地说道。

"是吗？因为什么事情吵架？你跟老师详细说说看。"我说道。

"我今天中午做值日，负责擦黑板和讲台，她进教室后就指责我讲台没擦干净，其实已经很干净了，都能照起人影了，您说干净没有？我当时就跟她顶起来了，我说哪里不干净？她就给我指出哪里哪里不干净，让我重新做！反正我做的过程中一直不爽，嘴里还一直咕哝着。做完后，她就把我拉到教室外面来谈话，我基本没听她讲。当时很气愤，根本就听不进！"她愤愤地说道。

"其实就是两位对干净的评判标准不同而已。老师要求你做干净点，你就做干净点不就得了呗！"我说道。

"才不这样呢！其他同学做的时候，比我这个还差，她都不说什么，我做得还干净些，她就说东说西的。就是对我有意见！！"她还是很激动地说道。

"你觉得老师对你有意见，以前跟老师发生过矛盾吗？"我问道。

◎ 误会当真 ◎

"发生过！但那其实是一场误会！！我在办公室见到我们以前初中的×老师，他问我们班主任是谁，我就告诉了他。当时老师就说，那很幸福啊，她有几十年经验，带班一直非常好呀。我说是啊，我也觉得我们班主任很好！！而且我还跟这位老师说了我们班主任的很多优点和长处。但没想到后来×老师去跟我们班主任说了，说我怎么怎么表扬她，但我们班主任可能误解了，以为我在背后说她的坏话，数落她！！"她描述道。

"那你去跟班主任解释清楚不就好了吗？"我说道。

"解释了，可是她就是不听！表面上她听了我的解释，但心里还是觉得我在撒谎。我真是拿她没办法！早知当时不提她就好了。真是倒大霉了！"她说道。

"不会吧，是不是你感觉错了！自己心里产生了错觉，老以为老师在跟你作对。我也是老师，我觉得老师好像没那么无聊吧，每天都忙得不行了，哪里还有时间跟学生斗呀！你觉得呢?"我说道。

"我开始也这么觉得，是不是我自己的错觉。但我后面真的觉得这个老师真是这样，别看她老，越老越怪！年轻老师哪有像这样的嘛!!"她说道。

"你们班主任平时对别的同学也是这样吗?"我问道。

"没有，就是对我一个人是这样的。"她说道。

"我觉得你们之间看来的确是存在着误会，至少你对老师是存在着误会的。这个误会必须消除才行。"我说道。

"那怎样才能消除这个误会呢?"她问道。

◎ 消除误会 ◎

"几个方面去努力吧。第一，你自己从心中抹去对老师的误解。自己不能对老师期望太高，要以平常心去面对老师，平时做事认真些，对老师客气些、礼貌些。老师让你做的事，你保质保量完成。做任何事情，尽量让老师满意些，多问她是否合格和满意，这样矛盾就会少很多。如果这样还是不能缓和矛盾的话，可以试试第二种方法，就是选择过节或老师生日时，给老师发短信祝福或送老师卡片，以表达你的心意。老师也是人，都有情感的，相信你的诚心和真心会打动老师的。最后，上课回答问题尽量积极些，不懂的问题勤问老师，让老师感受到你的上进心和学习的积极性。一般老师都是比较喜欢积极上进的同学的，特别是当她明白你努力去学习她讲授的那门科目时感觉更强烈。有时候老师会认为你喜欢她才喜欢她那门科目的。其实这种情况在现实学习中也存在，一般我们比较喜欢哪位老师的话，就比较喜欢哪门课，做作业首先选择那门课程。往往最后做的作业都是我们最不喜欢的那门课程。不知你是否有同感，我做学生的时候就是这样，其他好多同学也是这么给我说的。"我跟她分享道。

"嗯，我也是这个体会。一般比较喜欢哪个老师就比较喜欢哪门课程。平时也最想做那科作业。我回去后会好好努力做好的，首先一定克制住自己的情绪，不再跟老师发生冲突了，努力做一位积极上进的好学生。其实，我的成绩一直都很不错，在班里从来没有下过第五名，其他老师都特别喜欢我。"她愉快地说道。

"老师相信你能处理好这件事的。其实就是转变自己的观念，主动跟老师沟通，消除相互之间的隔阂就好了，我相信没有哪个老师是想和学生闹矛盾的。毕竟都是教育工作者嘛。'学为人师，行为世范'呀！呵呵！是吧！！"我笑着跟她说道。

"嗯，也是，可能是我真的误解老师的行为了。我回去好好找感觉，有什么事情再来找你。谢谢老师！"她高兴地说道。

"不客气，有事欢迎随时来骚扰。呵呵！"我跟她调侃道。

◎ 结束语 ◎

后来，我在食堂碰到了她。她高兴地告诉我，她现在和班主任的关系非常好了，老师让她做了学习委员，上学期期末老师还给她评了一个"三好学生"！

接着她继续说道，还是我给她提的第二条建议管用，她从同学那里打听到班主任老师的生日，生日那天给老师送了很大一个礼物，老师高兴得快疯了，连声道谢！从此以后，她的表现也一直让老师很满意，老师经常在班里表扬她，她的学习成绩现在一直在班里是第二名。她下一步的目标就是超越第一名。

辅导后记

学生跟老师天天相处，难免会有摩擦，但只要彼此双方都宽容、理解，我相信再大的矛盾都可以化解。文中主人翁也如此，如果平时不顶撞老师、不辱骂老师，对老师礼貌些、尊重些，我相信每一位称职的老师都会爱护这样的学生的。师生交往也是人际交往的一部分，跟同学交往一样，也需要彼此的包容和大度。人与人之间交往，切忌小肚鸡肠，胡乱猜疑，否则再好的朋友也会失去。要想别人尊重你，我们必须先尊重别人。

第四篇 人际在线

真情寄语

　　不管一个人取得多么值得骄傲的成绩，都应该饮水思源，应当记住是自己的老师为他的成长播下最初的种子。

——居里夫人

初中时，她是一位活泼开朗的阳光女孩，但进入高中的学习后，由于与舍友的一些"小事"使她失去了朋友，她努力地使出浑身解数还是没有办法恢复以前的友谊，从此陷入了苦恼和烦闷中，她为自己总是那块主动去粘朋友的牛皮糖而无奈……

05 友谊里的牛皮糖

◎ 引言 ◎

她上周就跟我预约好周一晚上来咨询的，结果由于老师晚自习要讲课，不得不特地来找我改期。周四晚上，她再次来到我的咨询室。

"咚咚咚……"几声轻轻的敲门声。

"等一下！"由于我正在写稿子，所以应了一声，然后走去开门。

"高老师，您在呀，终于等到您在的一天了，前两天我来都是另外一位女老师。您今晚有空吗？我想咨询。"她很兴奋地说道。

"呵呵，上周不就约好了的吗？快进来吧！"我很愉快地接待了她。

◎ 遭遇冷落 ◎

"高老师，我这段时间很烦，感觉到自己很孤独！"她刚开始说就哭了起来。

我连忙把纸巾盒递给她，并安慰她："遇到什么伤心事了！"

她哭了大约一分钟后，停止了哭泣。

"我最近很难过，觉得高中生活很没趣。初中时我本来很开朗的，现在变得很沉默了。最近宿舍里的几位同学把我和另外一个同学当空气了，她们五位玩得很好，常常不理我们两个，以前我们关系挺好的，不知是怎么回事，现在关系很冷淡！她们对我们也不坏，反正就是很普通，我们很难走入她们的圈子里。我和另外的那位女孩子玩得也不是很好，我们的性格差异比较大，我是一个急性子，她很慢，我经常等她，有时等她都快要疯了。可我又不想一个人走，所以感觉很无奈。心里特别烦闷，现在学习也下降了，更加让人着急！"她很难过地说。

"那你和那几位同学之间有没有发生什么特别的事情呢？"我问她道。

"没有啊？好像很平常。没有发生什么大的矛盾呀！"她不假思索地说道。

"是吗？再好好想想。"我继续鼓励她深入回忆。

"嗯，好像有一件事吧！不知道算不算。"

◎ 穿错衣服 ◎

"进校不久，我穿错了我们宿舍一位女同学的衣服，她用我的挂衣架晾的，我也有一件和她差不多一样的衣服，我当时没有注意，以为是自己的，就拿来穿了，穿了一周后，打开自己的衣柜才发现，自己的衣服在衣柜里，我主动地给她洗干净晾干了还给了她，并主动给她道歉了，当时她很不高兴，非常生气，不过过了一段时间就没事了。其实我也不是故意的。"

"是吗！我肯定能理解你不是故意的。我相信你确实也不是故意的，我相信她们也会认为你不是故意的，但她们心里可能对你产生了一种其他的想法。这件事可能对你和她们的关系有一定的负面影响。"

"可能吧，我也有感觉。"

"但事情已经发生了，这是没有办法避免的，而且你确实不是故意的。对吧！我觉得你可以试着和她们沟通一下的。"

138

◎ 性格差异 ◎

"我已经和她们沟通过了，她们说我这个人挺好的，没有什么不好，就是经常愁眉苦脸的，没有一丝笑容，觉得我这个人深不可测。"

"我觉得这个可能是问题的关键，不仅是她们几位，其实很少有人会喜欢跟一个愁眉苦脸的人交往的，每一个人的情绪都会在不知不觉中影响着同伴，所以你以后还必须多一些笑容才行。其实，多一些笑容对于缓解自身的压力和维护自己的身心健康很有好处的。同时，微笑待人也是人际交往成功的很重要的一个要素。"

"嗯，这个我知道，我也想多些笑容，但不知道为什么就是笑不出来。其实，初中的时候我是一个很开朗的女孩子，经常微笑的。就是进入高中以后，与舍友相处不理想后，我就基本上天天闷闷不乐，恶性循环，以至于现在已经开始影响到我的学习成绩了。下周又要月考了，我心里一点底都没有，我成绩还可以吧，前几次月考在班里排名二十几位，但有下滑的趋势，我很担心这次会更差。"

"和你交谈了这么久，老师已经感觉到你很苦恼，感觉到你的困惑，感觉到你现在的心情。确实，你现在好像陷入了恶性循环中不能自拔。所以你来找高老师求救。对吧！"

140

"是的，其实我也试过很多次跟她们交流，但都失败了。有一次，在篮球场拔河时，我看着她们几位聊得很开心的样子，于是我走过去靠近她们，但是不知道为什么我靠近她们后，我就没话跟她们说了，每次都很尴尬。"

◎ 走出困境 ◎

"这主要是你们之间有一定的人际距离，她们几位同学的人际距离很近，而加入你以后，她们自然就不说话了。而你对她们又不是太了解，所以也不知道说什么才能引发她们的兴趣。所以人们常说，朋友之间首先是要有共同语言、共同爱好，否则很难谈到一块去的。因此，她们不理你，你也别太难过。你必须明白这是正常现象。其实，在人际交往过程中，不是每一个人都可以成为你的知心朋友的，大部分人只是一些普通朋友而已，只有极少数跟自己志趣相投的人才可能成为你的好朋友，所以很多时候，我们都渴望找到好朋友，但我们必须主动去与人交往，真诚、微笑待人，在不知不觉中建立友谊。如果一味地去追求某人或某些人一定或非得要成为我的好朋友，这就会自找烦恼，尤其是当别人拒绝与你交往时，这种交友的挫败感更加强烈。所以，我感觉你现在为了追求与她们的交往，失去了真实的自我，迷失了自我，其实一个人最怕的就是背叛自我。高老师建议你与这些同学保持普通的同学关系，如有机会深入交往时再说，去寻求新的交往对象，不过不宜强迫追求友谊，否则又会碰壁，一切随缘就好。同时，必须努力优化自己的性格，平时多一些笑容，少一点忧伤；多一些自信，少一点自卑；多一些主动，少一点被动。把自信写在脸上，把眼泪流在心里，把微笑带给他人，把忧愁带来心理咨询室，高老师随时恭候你的到来，愿倾听你的烦恼与苦闷，帮你走出暂时的困境。"

"谢谢老师！我会努力的。但是我现在还有一个家庭的问题使我很难过、很苦恼，也找不到解决的办法。它深深地影响着我的心情、交友和学习。"

◎ 父母分居 ◎

"我父母已经分居多年了，但他们又不去办理离婚手续，也没有达到分居 20 年自动离婚的时间，反正处于隔离状态，我被夹在中间很烦。妈妈一个月就只有几百块钱的工资，爸爸好一些，一个月大概有 3000 多吧，但他每年要拿 1 万元来供我读书，所以很多时候我自己心里很难过，觉得自己现在的成绩很愧对父母。"

"父母的事，我们当小孩的是很难改变的。最关键的是我们要面对这个现实，理解他们。他们之间肯定产生了不可调和的矛盾，所以才导致他们现在的分居状态。学习努力了就好，关键是做到问心无愧。我们努力学习，更多的是为了自己的将来，而不是为了父母而读书。当然，拿着父母的血汗钱来读书，心里肯定有些不好受，但老师希望你将此作为学习的动力，努力进取，争取更大的成绩，而不是把它当成自卑的理由，自责下去，这才是聪明之举。不过，这只是老师的一种观点，仅供你参考，最终要由你自己来做决定。"

"不过，我还是希望父母能够团聚，住到一起来。"

"老师能理解你！当小孩的没有一个愿意自己的父母闹矛盾，而且确切地说，父母他们本身也不想，但由于各种各样的原因，他们之间就产生了不可调和的矛盾，有些是可以经过一段时间调和的，有的是永远也调和不了的，所以最后就选择了离婚或分居状态。你父母属于后者。所以，你必须面对现实、正视现实，勇敢走出来，努力将自己的精力转移到自己的学习上，发奋学习，才是当务之急。"

"谢谢老师！我其实也不想去想这些的，但很多时候不自觉地会想到。不过经过老师的开导，我心里好受多了，我也明白自己以后应该怎么做了。"

"那就太好了，老师相信你一定能走出目前的困境的。记住，以后遇到什么烦心事，随时可以来找高老师，找不到时可以打电话。OK！"

"谢谢高老师，我会的！"

辅导后记

看着她愉快地走出了心理咨询室，我的心也暂时放了下来。在人与人交往中，我们总是习惯性地希望别人对自己好，而没有想过自己首先要对别人好。所以，要想自己的人际关系好些，请记住人际交往的黄金法则和白金法则。黄金法则是：你想人家怎样待你，你也要怎样待人。白金法则是：别人希望你怎样对待他们，你就怎样对待他们。最后，也请大家记住孔子说过的那句至理名言："己所不欲，勿施于人。"只要同学们本着以上原则与他人交往，我想一定能找到理想的朋友。

真情寄语

你想人家怎样待你，你也要怎样待人。

——人际交往的黄金法则

第五篇

生活百味

网络，给人们带来了无法估量的便利、机遇、财富，也给人们带来了许多无法预期的潜在危机，青少年的网络成瘾就是其中一大问题。网络是把双刃剑，它能带来好处还是坏处，其实是由我们自己去掌控的。但作为学生的我们，往往不由自主地迷恋上了它，尤其是对网络游戏很着迷，不少自控能力强的同学很快从中跳了出来，然而有一部分同学却沉迷其中，不能自拔。下面是一位初二同学的真实经历，让我们一起去聆听他的故事吧！

01 挣脱"网"的束缚

◎ 引言 ◎

　　我去班里跟学生一起度过新闻时间后，回到了心理咨询室值班。由于没有人提前预约，我就打开电脑放了几首歌曲欣赏着。不一会儿，传来了敲门声。我打开门一看，是一位初中的男同学，个子小小，但挺机智可爱的样子。

　　"老师，我想咨询，方便吗？"他一开门就说。

　　"欢迎！进来吧！"我热情地招呼他。

　　"你是初中的同学吧！"我根据他的身高和面相随便问了一句。

　　"嗯，是初二的。"他回答道。

　　"今晚找老师想咨询什么呢？"我主动问道。

◎ 成绩下降 ◎

　　"最近的段考，我的成绩下降很快！我自己都不敢相信了。我很担心，再过两个月的时间我们就结束初二，进入初三的补课了。我现在很担心很害怕！老师，您说我该怎么办？"他焦急地说道。

　　"是吗？你总结是什么原因没有？"我提醒他反思和总结考试。

"总结了，可能是我这段时间以来特别放松了自己吧！花在学习上的时间少了些。所以才考得这么差！！！"他诚恳地总结道。

"嗯，找到了原因就好！在以后的时间里争取抓紧点时间好好学习和复习就行了，坚持两个月，相信在期末考试时你应该能恢复以前的水平吧。"我鼓励他道。

"但是我的自控能力比较差，我怕我控制不了自己，到时候又去玩了。"他焦虑地说道。

"你现在不是已经吸取教训了吗？应该不会再放纵自己了吧！"我给他分析道。

"一般情况下，我能控制住自己，但在某些东西的诱惑下我就很难控制住自己了。"他认真地说道。

"什么诱惑？"我追问道。

◎ 网络成瘾 ◎

"老师，我迷恋上了网络游戏！感觉自己的网瘾越来越大，不能自拔了！！"他坦诚地说道。

"是吗？适当地玩玩网络游戏有利于开发大脑智慧呀！不少同学都用它来发泄自己郁闷的情绪和紧张的学习压力呢！你自己觉得有网瘾？为什么你会这么想呢？"我接纳他道。

"是啊，有节制地玩游戏确实可以开发大脑智慧，也可以宣泄不良情绪，但我现在无法控制自己，每天都去网吧玩游戏！已经迷恋上了，甚至成瘾了！！"他苦恼地说道。

"你天天爬围墙出去上网打游戏呀？"我惊讶地问道。

"不是，我是走读生，我家就住人民路，家门口就是'心灵网吧'，每天放学后我中午和下午都去，为了节约时间，我基本上直接吃三两桂林米

粉就直奔网吧了，好几次我都是把米粉打包到网吧吃的。我觉得这种情况真的很严重了!!"他一口气说出了自己沉迷网游的整个过程。

"是吗？那确实挺严重的了。你平时都打什么游戏？"我问道。

"魔兽世界!"他直言不讳。

"你玩的水平很高了吧!"我说道。

"嗯，还可以吧! 但是我现在不想玩了，想学习，要不我肯定考不上重点高中。"他说道。

"有道理! 你现在的成绩怎么样?"我问道。

"以前在年级基本上是前 30 名（全年级 287 人）吧，现在滑到年级 57 名了!"他回答道。

"那你的成绩是相当不错的了，如果不下滑的话，考重点高中肯定没问题的!"我鼓励他道。

"我的成绩从小学到初一一直都不错，就是到了初二开始沉迷游戏以来就有些下滑了。"他说道。

"你成绩下滑，你父母不知道吗?"我问道。

"他们工作都太忙了，没时间关注我！所以我中午和下午才有机会去上网嘛！"他说道。

"你父母是做什么工作的，这么忙？"我问道。

"我爸爸是镇政府的，妈妈是工商局的，基本上都是早出晚归的那一类，很少有时间管我。"他说道。

"那你成绩下滑，班主任都没有告诉你父母吗？"我问道。

"差点告诉了，我求我们班主任暂时给我保密，争取下次考好。班主任暂时给我保密着呢！所以我才想戒掉网瘾，好好学习，争取考好！老师，您说我怎么才能戒掉网瘾了？"他渴求地问。

◎ 戒掉网瘾 ◎

"你自己都有这么强烈的愿望想戒掉，应该没问题！"我鼓励他道。

"首先，你从内心深处开始暗示自己不能再去玩网络游戏了，先产生戒掉网瘾的内动力。其次，需要外力来帮助你克服你对网游的依赖，主要是班主任、科任老师以及家长三方面来帮助你，应该就可以戒掉了。"我跟他分析道。

"是吗？老师和家长怎么来帮助我呢？"他疑问道。

"你把父母的电话告诉我，我跟他们沟通，说你开始有些迷恋网络了，需要他们监督你的学习和生活，让他们配合你戒网。让父母在中午和下午下课后按时来校门口接你回家吃饭，吃完饭后按时把你送回学校交老师辅导。班主任和科任老师专门分工负责辅导你的各科知识，做好计划。像你这么好的基础，再加上有老师的辅导，相信不出两个月，你的成绩将会突飞猛进。"我跟他建议道。

"父母和老师会答应按您说的这么做吗？"他问道。

"这个我负责跟他们沟通，现在就落实。你自己好好珍惜就行。"我边说边让他把父母的电话号码给了我。

我分别打通了他父母的电话，他们听了很着急，说愿配合老师抓好儿子的学习和生活，从明天就开始按我说的去做。

我跟班主任联系后，班主任也很高兴，说这小孩有救了，只要他愿意主动戒网瘾，他愿和科任老师商量，给他制订一个补习计划，落实下去。

电话打完后，他很高兴，"猛烈"地谢谢我后回教室去了。

◎ 尾声 ◎

经过父母、老师以及他自己的努力，他期末考试考了年级的第 12 名，比以前任何一次都考得好，家长请所有相关的老师一起吃了一次饭，特别感谢老师帮他儿子及时迷途知返。看着家长和小孩都这么高兴，我的心里也高兴极了，这也是我经手的第一例成功戒除网瘾的案例。从这个案例中我们不难总结出，要想帮网络成瘾的学生戒除网瘾，必须多方面齐心协力才能成功。就案例中这个学生的情况而言，一是自身的基础不错，二是班主任老师很支持，三是家长很配合。如果这三方面缺少任何一方，这个孩子想戒除网瘾非常困难。所以，目前还沉迷于网游或网络聊天不能自拔的同学，希望这个同学的经历和成功能给你一点启迪。

辅导后记

网络成瘾属于一种精神障碍疾病，长时间上网会在大脑诸多神经元中制造"上网兴奋点"，这些兴奋点会使大脑对上网产生持续的兴奋，这种成瘾的病理与吸毒、赌博十分相似，也和吸毒、赌博一样很难戒断。

怎样预防网络成瘾？首先，同学们自身要养成良好的上网习惯。上网前要有计划，明确上网的目的和时间，避免无节制地上网。如果不是为了学习，而主要为了娱乐，则更需要按计划上网。漫无目的的"冲浪"，沉迷于网络聊天或网络游戏，会让时间在不知不觉中流失。其次，同学们要培养其他的兴趣爱好，丰富业余生活。业余时间多参加体育、文化娱乐或交际活动，不仅充实了生活，而且还可以提高自己处理现实问题的能力，从而避免依赖于虚拟的网络世界的机会。希望同学们远离网瘾，快乐青春！

真情寄语

网络是一把双刃剑，美丽却拥有着妻性！！！

第五篇 生活百味

他来自农村一个贫苦家庭，学习成绩优秀，但他却跑来心理咨询室说他不想读书了，想退学回家种田。究竟发生了什么事情让如此优秀的他产生了这样的念头。让我们一起去聆听他的故事吧！

02 苦难是一种磨炼

◎ 引言 ◎

某天，我正在和同事吃晚饭，手机响了，来电显示是未知电话，我习惯性地按了接听键。

"喂，您好！哪位？"我轻问道。

"请问是高老师吗？"话筒的另一边传来一位男孩的声音。

"你好！我是高老师，有事吗？"我问道。

"高老师您好！我是高一的一位同学，想找您咨询，不知您什么时候有空？"他客气地询问道。

"晚上 8 点到 10 点我都在咨询室，你直接去找我就可以了。"

"谢谢老师！今天晚上我来找您。"

"好的，我等你！"

吃完饭后，我早早地回到了办公室等他。过了一会儿，有人来敲门了。我热情地去开门，一位中等身材、穿着朴素的男孩跃入我的眼帘。

"你好！你是打电话约我咨询的那位同学吗？"我主动问道。

"嗯。高老师好！"

我热情招呼他进入咨询室后，习惯性地给他倒了一杯开水，然后开始了谈话。

"遇到什么困惑了?"我关切地问道。

◎ 不想读书 ◎

"老师,我不想读书了?"他严肃地说道。

"怎么啦? 学不懂??"我以为他厌学了。

"不是,我学习挺好的。"他不假思索地说道。

"是吗? 你在班里排在第几名?"我问道。

"第二名!"

"你这么好的学习,为什么不想读书了? 我还以为你学不懂,厌学了呢! 和同学闹矛盾了还是和老师吵架了?"

"都不是! 我就是不想读书了。"

"不读书了,你想去做什么?"

"回家种田!!!"他掷地有声地说道。

"是吗? 你家农村的呀!"

"嗯,我家世代都是农民!"

"哦,但是你现在这年龄也太小了一点吧。现在是你父母应该付出的时候,你的主要任务是学习,将来争取考一所好的大学,跳出农门!!"

"我家里人没人去干农活了!"

"你父母他们不是在家干吗? 你操这个心干吗?"

"只有我妈一个人在家里干,非常累,我实在看不下去了。国庆节放假,我回去看到她一个人担负全家人的重担,心里难受极了,本来放假结束后我不想回校的,我妈老催我赶快回校学习。在她的强迫下,我勉强回到了学校,但心里一直很压抑和难受。"他边说边哭了起来。

"怎么了? 你爸爸呢??"

◎ 父亲去世 ◎

"我爸爸已经不在了！"他哭着回答道。

"是吗。什么时候的事？"

"今年 8 月份！"

"是怎么去世的？"

"肝癌晚期！当时我爸去世时，很痛苦的样子。他要我听妈的话，将来好好读书，争取考所好的大学。我当时哭着使劲点头答应了他，过了一会儿他就彻底离开人世了。"他说着，眼泪汹涌而出。

我的心情也受到了极大的震撼，关切地说："突然失去父亲确实是件极其悲痛的事，但人死不能复生，节哀吧！你慢慢已长大，应该学会承担起家庭的责任。"

"是啊，所以我才不想读书了，回去帮我妈嘛！我实在看不下去我妈一个人在家操劳。"他哭着说道。

"你的想法很好，你很有孝心，但不读书怎么能实现你爸临终前的愿

望呢？这也是一种不孝，而且你妈也绝对不同意你不读书了回家帮她。如果你这么做，她肯定气坏了，为什么国庆假结束后她催你赶快回校上课，就是这个意思。"我安慰他道。

"这个我知道，但我每天都在谴责自己，每天都心如刀割。"

"老师非常理解你突然失去父亲后的伤痛，但这是没有办法改变的事实。你必须勇敢地面对这个现实，化悲痛为力量，发奋读书，将来考所好的大学，你父亲在九泉之下也瞑目了。努力学习本身就是对父母最大的孝敬了。"

"嗯，谢谢老师！我其实内心深处是非常想读书的，但想到我妈我就特难受。"

◎ 走出伤痛 ◎

"其实，老师以前也是出身农村，只不过我父母都健在。当时我读书时，家里也很穷，我也不想读书了，想早点出去打工为家里减轻点负担，内心也是一直谴责着自己，因为家里辛苦赚来的血汗钱全部被我读书花光了，心里特别不是滋味。但困难的几年顶过去了，现在不也工作、能自主生活了?! 因此，在读书的关键年龄应该集中精力好好学习，将来能有更好的出息。"我跟他谈起了自己的经历。

"老师，您真了不起！"

"你将来会比老师更优秀的。"我鼓励他道。

"哪有啊！现在大学生多了，我怕读了大学都找不到工作呢，我家又没有背景和关系。"他担忧道。

"虽然现在大学生多了，但重点大学的毕业生还是非常受欢迎的，我觉得最终还是得看自己的能力，练就一身扎实的本领才是自己的生存之道。老师相信你通过自己的努力，一定能考上重点大学的。我们农村来的小孩最大的优点就是特别能吃苦，别人不能吃的苦，我们都能吃，这是我们的优点，我们必须充分利用好它。"

"这个我有同感，我们班里那些城市里的孩子特别爱玩。我们农村来的这些'阳光生'基本一直都在教室里学习的，个个都很刻苦，成绩都很优秀。"

"这就是为什么碧园公司花这么多钱资助你们'阳光生'完成学业的主要目的了。你们绝大部分同学家境贫寒，但学习刻苦、成绩优秀。你们要好好利用好这些机会，为父母争光，为学校争光，将来成为社会的有用之才。"

"嗯，我一定好好学习，争取实现我父亲的遗愿。"

"只要你努力，老师相信你一定会实现的。"我鼓励他道。

"谢谢老师！"他轻松地离开了心理咨询室。

◎ 尾声 ◎

他离开咨询室后，我电话接通了他们班主任，我让他们班主任平时多关心一下他。班主任说知道他的情况，平时一直就很关心他，科任老师也特别喜欢他，他是一位各科发展都很均衡的学生，基础非常扎实，只要一直不泄气，考重点大学绝对没有任何问题。转眼几年过去了，他已高考结束，班主任告诉我，他正常发挥，考了612分，被中山大学录取了，专业为临床医学。听到他的好消息，心里高兴极了。皇天不负苦心人呀，他通过自己的努力，终于实现了他父亲的遗愿，我想他父亲在九泉之下也瞑目了。

上帝总是公平的，苦难是一种磨炼！好人一生平安！！

辅导后记

法国作家巴尔扎克说："世界上的事情永远不是绝对的，结果完全因人而异。苦难对于天才是垫脚石，对于强者是一笔财富，对于弱者是万丈深渊。"就像月有阴晴圆缺一样，人的一生不可能全都在鲜花和掌声中度过，痛苦和磨难有时也与人生相依相伴。当痛苦降临时，有的人自怨自艾，意志消沉，一蹶不振；有的人则不屈不挠，在与痛苦相搏中感悟人生的真谛。相信大家读完这个案例后，不难发现，案例中的主人翁属于后者。我想对大家说的是：多一份苦难，就多一份对生命内涵的体验和理解，就多一份对人生的发现和顿悟，就多一份巨大的精神财富。走过严冬，欣欣向荣的春天就会向我们走来；生命在历尽苦难后，定会得到进化和升华。

真情寄语

患难可以试验一个人的品格；非常的境遇方可显出非常的气节……命运的铁拳击中要害的时候，只有大勇大智的人，才能够处之泰然。

——莎士比亚

苦难是人生的老师。

——巴尔扎克

第五篇　生活百味

2005年湖南卫视"超级女声"在全国的热播，让李宇春等人红遍了中国的大江南北。一时间，"超女"成为热聊话题，虽然支持者有之，批评者有之，但毋庸置疑的一点是，前五强的"超女"成了很多青少年崇拜的偶像明星。文中的主人翁就是一位"超女"痴迷者，在"超女"热播的氛围下，她也发了疯似的不想读书了，也想去参加超级女声的海选。在父母的反对下，她差点做了傻事，让我们一起去感受她的心路历程吧！！

03 追星何以成病

◎ 引言 ◎

　　一天下午3点48分，我正在给高一的学生上心理课，手机就开始振动。4点10分下了第7节课后，我利用课间时间回拨了过去，接电话的是一位中年女性。"请问20分钟前是谁打我电话？"我问道。

　　"请问是高老师吗？"

　　"我是高老师，请问您是哪位？"

　　"您好！高老师！我是一位学生的家长，我孩子有严重的问题想请您帮忙，不知高老师是否有空？"

　　"我每天晚上8点到10点都在心理咨询室值班，您叫他直接来我办公室找我就可以了！"

　　"我孩子不是你们学校的学生，我孩子是××中学的学生，现在读初二年级了！不知高老师能不能帮帮忙？我们做家长的挺着急的。"

　　"是吗？我一般不接待外校的来访者，原因是太忙了，没时间！"我诚恳地说道。

　　"我是久仰您的大名呀！所以专门从你们学校老师处获得了您的手机号码，想请您从百忙中抽空帮帮我小孩吧！"

　　"是吗？那我可能只有周六晚上才有空了！您方便吗？"

"没问题！那我们在人民路的'豪情茶庄'见面，您觉得如何？"

"不用破费吧！还是来我们学校吧！我在学校办公室等您。"

"不要紧的，那里谈方便些。"

"那好吧，恭敬不如从命！"我答应了她的请求。

◎ 孩子厌学 ◎

周六晚上，我准时到达人民路"豪情茶庄"门口，家长已经在那里等候多时了。"请问是高老师吧？"一位披着黄色卷发的时尚女性出现在我的面前。她着装很时髦，看上去大约也是 40 岁。

"您好！家长。"我向她打招呼道。

她热情地把我带到了二楼的包厢里，几句简单的交流后我们开始了正题。

"高老师，我的女儿不想读书了您说怎么办，她才初二呀？"她着急地问道。

"是吗？您跟她沟通过原因吗？"

"高老师，您怎么看待现在湖南卫视正在热播的'超级女声'全国总决赛？"

"还可以吧，现在进入前十强的选手，唱歌都比较好听。不过我从头到尾都没有发一条短信支持过。"

"您觉得这个节目的正面影响大还是负面影响大？"

"对未成人的中小学生来说，可能负面影响大些。因为他们可能会觉得不读书只要唱歌唱得好也可以获得巨大的成功，会滋生一些投机懒惰思想。"

"我女儿就是受'超女'影响而不想读书了！她也想去参加'超女'的海选。我们怎么说她都不听。"

158

"那你女儿有音乐这方面的天赋吗?"

"我们家几代人唱歌都还可以,但没有一个人能唱出点影响力来的,唱的最高水平也就是市级的了,还没有一个省级以上的歌手诞生。"

"您想让她去尝试一下吗?"

"没这个打算,因为我们都是业余的。她的水平我了解,肯定不行。"

"那怎么办?"

"我也不知道,所以才来求教于高老师呀!"

"我建议您主动跟孩子沟通才行,一味的堵是不行的,初二孩子的逆反心理最强,很容易跟大人对立起来,这样就麻烦了。"

"跟她沟通过了,没用!她固执地要去,就是不想读书了。我怎么跟她说她都不听,前几天还跟她吵起来了,结果她把自己关在卧室里怎么也不出来。急死人了!!!"她无奈地说道。

"现在情况怎么样?"

"老样子,所以我想请您去跟她聊聊,开导开导她。您看是否可以?"

"我可以试试看,但你不能说我是心理老师,就说我是桂林首师大附中的老师就可以了。"

"好的,那高老师您看在什么时间和地点比较好呢?"

"既然她是学生,我是老师,我觉得可能在学校比较好些,就让她来我们学校吧!周日下午3点吧!!"

"嗯,就按您的时间和地点吧,我到时和她一起来。"

◎ 学校见面 ◎

周日下午两点半,我提前来到学校办公室等候。3点钟,我的手机响了,来电显示是这位家长的。

"家长您好!请问您到哪儿了?"我在电话里问道。

"高老师好，我们已经到你们学校门口了，保安不让进。"家长说道。

"您把电话给保安吧，我给他说说就可以了！"

"保安，您好！我是高老师，这是一位学生家长来我办公室进行心理咨询的，您让她登记后进来吧。"我跟保安说道。

"好的。"保安说道。

我下楼去接她们母女俩，刚走到学校广场，就看见她们了。一眼看去，女孩挺高的，身高至少不低于 1.6 米，阳光、漂亮，还有几分时髦，看上去倒有几分明星样儿！！我让她妈妈在一楼到处走走看看，我带她到我带的班级教室里聊天。

◎ 爱好音乐 ◎

"你好，我是这个班的班主任，别担心有人会来赶我们走的，呵呵！"我先给她一点安全感。

"哦，高老师好！"她不太想跟我聊天，有些拘谨。

"你现在在哪个学校读书，读哪个年级了？"我装着不知道问她，跟她

瞎扯，打消她的顾虑。

"××中学，初二年级的。"她回答道。

"你最喜欢哪个科目？最讨厌哪个科目？"我跟她随便闲聊着。

"我最喜欢音乐！最讨厌数学！！"她回答道。

"是吗？你很喜欢唱歌！"

"嗯，挺喜欢唱歌的。"

"唱得最好的是哪首歌呢？"

"《隐形的翅膀》。"

"我也挺喜欢听这首歌的，平时经常听！这段时间经常看湖南卫视的'超级女声'总决赛，感觉很爽！！"我故意把话题转移到她的兴趣上来。

"是吗？老师，您觉得哪个选手最有可能夺冠？"她突然兴奋地问我。

"不知道！但我觉得李宇春的人气挺高的，比较有可能！"我凭感觉说道。

"嗯，我也觉得，我最喜欢的'超女'就是春春了，我也是'玉米'哦！我给她发了至少20条短信支持她了。"她兴奋地直言不讳。

"呵呵！你了解李宇春吗？"

"那还用说！四川的。"她不假思索地说道。

"你知道她是哪所大学的学生吗？"

"四川音乐学院的。"她顺口就说出来了。

"嗯，看来你挺了解春春的嘛！"我表扬她道。

"那是，要不怎么是她的粉丝呢！！！"她得意地说道。

◎ 和父母闹 ◎

"你不是喜欢唱歌吗？那你怎么不去报名参加海选呢？"我觉得时机成熟，便直入主题。

"我也想呀，但我父母不同意！"她委屈地说道。

"你跟父母好好沟通过吗？"我故意问道。

"沟通过了，没用！还吵起来了呢！！严重的代沟，无法沟通！！"她气愤地说道。

"沟通不了，那你怎么办？"

"怎么办！凉拌呗！！不理他们了，我用不读书来和他们对抗。"

"你这样能行吗？"

"不行！但我没有别的办法了。只能这样！"她无奈地说道。

"我建议你想点别的办法，不读书对自己也没什么好处。你说是吧！"

"嗯，但有什么好办法呢？"她疑虑道。

◎ 化解矛盾 ◎

"我可以和你父母沟通，做你们的中间桥梁。你只要好好学习，我相信你父母那里什么都好谈，但如果你要是不学习了，那肯定谈不来，而且还会惹你父母生气。"

"其实我也不是不想学习，就是他们不给我去参赛所以我才去跟他们闹的。只要他们同意我去报名，我一定好好学习。"

"可以，我跟你父母商量一下吧！"

我让她在教室里等我，我去找她妈妈沟通。在学校的大厅找到了她妈妈，跟她妈妈谈了我跟她孩子的聊天内容后，她母亲挺高兴的。我建议她父母给她机会去尝试尝试，失败了她便自己回来，无需我们多讲，成功了那不是更好吗？否则这样一直对立下去也不是办法。后来，她母亲同意了，明年给她去报名。我赶快回到教室告诉她喜讯。告诉她后，她高兴得几乎要跳了起来，我赶快趁热打铁，说道："前提是你现在必须好好学习，而且成绩必须进步才行。"

她高兴地说："没问题，我一定尽力去学！争取进步吧！！"

本次沟通完，我让她跟她妈妈见面，并且要求她拥抱她妈妈，母女俩开心地拥抱了起来，母亲的眼泪忍不住哗哗地流了下来，女儿受感染也哭了。临别时，我特别嘱咐她母亲要监督她的学习，她也说要好好学习，争取进步。

162

◎ 结束语 ◎

后来，她母亲告诉我，女儿学习状态不错，但就是沉迷"超女"。新一届"超女"选拔马上要开始了，她挺担心的。我让她别担心，让女儿去试试，而且跟她一起去加油，让她感受到亲情的可贵。她母亲后来告诉我，她陪女儿去参加了广西的选拔，被筛选下来了，当时她女儿哭得很伤心，父母两人劝了好久才平静下来。现在孩子已经初三毕业，考上了一所普通高中，学习状态一般，但和父母的关系比以前好了很多。

辅导后记

在青春年华里喜欢甚至迷恋青春偶像是人生诸多美好的经历之一。

处于青春期的同学们之所以对明星非常喜欢，除欣赏明星才华之外，很大一部分原因是情感需要——明星更多的是充当"梦中情人"的角色。在同学们眼中，明星是完美的，没有缺点的，是成功的标志。但是明星的背后有一套运行机制，他们往往被商业公司投资包装而成的，在靓丽帅气的外表之后他们也有非常普通的一面。

心理专家曾经说过：欣赏明星是可以的，但要明白生命的意义是什么，要学习明星身上的特质，而不是迷恋明星本身。同时还应该与偶像保持理性的距离，偶像并不是生命的全部。

我相信，追星的事情还会发生。一般来说，追星的目的也只是娱乐和游戏。喜爱公众人物是正常的，但把自己的人生意义寄托于青春偶像特别是人为制造的偶像身上，早晚必受其害！让我们共同引以为戒吧。

真情寄语

欣赏明星是可以的，但要明白生命的意义是什么，要学习明星身上的特质，而不是迷恋明星本身。同时应该与偶像保持理性的距离，偶像并不是生命的全部。

第五篇 生活百味

临近高考了，作为即将第二次参加高考的一位复读生来说，他的心情越来越紧张，这些天开始睡不好觉了，自己也弄不清楚怎么会失眠。反复挣扎后，他鼓起勇气敲开了心理咨询室的门……

04 失眠没那么可怕

◎ 引言 ◎

一天，刚上完下午的三节心理课，我感觉挺累的，于是去食堂吃了饭后迅速回到了办公室，一下子瘫坐在沙发上，感觉很放松！休息片刻后，我打开电脑放了首轻音乐，边听歌边浏览网页。电脑显示大约 8 点 26 分，有人敲门了，我调整好自己的情绪愉快地去开门，打开门一看，是一位高三的同学，我以前教过他。他成绩很不错，是我校的"阳光生"，因去年高考发挥失常而没有考上自己理想的大学，于是决定留校补习。转眼就要高考了，他来心理咨询室应该与高考有关。我迎接他进入心理咨询室，给他倒了一杯开水，并主动跟他聊了起来。

"下个月要高考了，最近感觉怎么样？"我开门见山主动问道。

◎ 天天失眠 ◎

"近来感觉压力挺大的，这两天感觉胸闷，一直睡不好！天天晚上都短时失眠。"他诚恳地说道。

"是吗！不过高考临近了，紧张也是正常的，如果不紧张反而可能显得不正常。但太紧张也不利于考试的发挥。一般来说，临近高考保持适度的紧张是十分重要的。从你的描述来看，你现在的紧张有些过度了，必须控制。首先，你必须弄清楚你紧张的原因是什么。"我跟他分析道。

"嗯，我也是感觉自己有点紧张过度了，所以才来找你咨询。我紧张的原因主要是担心自己这次高考又发挥失常，愧对父母和老师呀！"他沉重地说道。

"你思考过去年高考发挥失常的原因了吗？"我问道。

"思考过了，就是考数学的时候为了把字写漂亮些而耽误了太多时间，导致后面的题目没有时间去做了。考完出来我就后悔极了，当时真是晕死了，就像着魔了似的，不能自拔，等还有半个小时就要结束考试时才猛然发现自己还有六道大题没做，我疯狂地写了两道大题考试就结束了。后面的题目我基本都会做，就是没有时间写了。"他痛苦地回忆道。

◎ 笑对失眠 ◎

"吃一堑长一智吧！过去的已经无法挽回，最重要的就是这次考试不要再犯同样的错误。把握好做题的时间，最好自己带一块手表去，看着时间做题就会好很多。既然你的实力还在，加之今年又重新再复习了一年，我相信你只要正常发挥，应该会比去年好很多的。其实，这个时候最重要的就是自己的那一份平常心！用平常心去面对自己所要面对的一切，这样才能让自己正常发挥或超常发挥，放下愧对父母、亲人或老师的这个包袱是极其重要的，甩开这个包袱最有效的方法是进行积极的自我心理暗示，对着自己说：我已经非常刻苦努力了，从良心上说我对得起天地，对得起任何人。这样你的压力会小很多。同时还可以暗示自己：我已经充分地复习好了！我充满自信！我笑对高考！凭着我现在的实力可以轻易打败很多人！就这样，积极的心理暗示往往能让你获得想象不到的收获。你不妨一试。"我鼓励他道。

"嗯，我回去一定好好试试！"他说道。

◎ 失眠没那么可怕 ◎

"其实解决失眠的方法很多，首先就是建立自信心。对偶尔的失眠，不必过分忧虑，相信自己的身体自然会调节适应。我在上心理课时给你们介绍过心理学家的睡眠剥夺实验。那些志愿者坚持连续200多个小时不睡觉，身体功能并无任何损伤，而且实验结束后只要连续让他们睡上十几个小时，就能基本恢复精力。所以，一两夜失眠不会造成任何问题，偶尔失眠之后，如果不担心失眠的痛苦，到困倦时自然就会睡着。失眠之后越担心就越会再失眠，到夜晚就越难入睡。因此，防止失眠的最重要的方法就是停止睡前乱想，建立睡好的自信心。其次，就是睡前保持良好的心境。睡前最好是心平气和，心情放松地睡觉。睡前半小时内避免过分劳心劳力的学习。即使明天要参加考试，也绝不带着思考中的难题上床。临睡前听听比自己的英语水平难度大一点的英语课文，生词越多越好，有助于睡眠。再次，自己的睡眠时间一定要有规律，不要随便打乱自己的生物钟。因此，避免失眠的最有效方法，是使生活起居规律化，养成定时就寝和定时起床的好习惯，从而建立自己的生物钟。关于生物钟，需要注意的几点有：有时因必要而晚睡，早上仍然要按时起床；如遇周末假期，避免多睡懒觉；睡眠不能储存，睡多了没有用；最后，每天睡前适量饮食有助于睡眠，睡前喝点牛奶、吃点面包和饼干等食物有助于睡眠，但睡前喝咖啡、可乐、茶等带有刺激性的饮料，或者吃得过饱都很不利于睡眠，而且还会加速或加重失眠。以上是老师针对失眠提出的一些好方法，你回去好好结合自己的实际去改善自己的睡眠吧。偶尔还可以每天抽出半小时运动运动，这也非常有助于睡眠和缓解压力，但这必须根据你的作息时间安排来定！"我给他介绍克服失眠的方法。

"好的。谢谢老师给我介绍这么多方法，我回去一定好好用上。"他说道。

"如果在后面的备考过程中，遇到任何问题可以随时来找高老师，我每晚都在这里。老师就不耽误你太多的复习时间了，感谢你对老师的信任。下次再聊，祝你早日走出失眠的困境。"我鼓励他道。

"应该谢谢的是我，呵呵！谢谢老师，老师再见！"他笑着说道。

◎ 结束语 ◎

看着他愉快地走出了心理咨询室，我终于松了一口气，但失眠的问题要靠意志去克服，虽然理解了失眠的原因，要想真正在行动上克服失眠，是需要较强的自我控制力的。我后来一直与他们班主任联系和沟通，了解他的后续情况，班主任反映说他平时状态还不错，也没有上课打瞌睡的现象。后来我在操场上见到他，问他最近睡得好不好。他愉快地告诉我，睡得很不错，现在不是睡不着，而是睡不够。呵呵！我真为他感到高兴，高三就应该是这样才对嘛！7月份，高考成绩出来了，他正常发挥出了自己的水平，考上了自己理想的大学——哈尔滨工业大学。

辅导后记

失眠是毕业班学生容易出现的心理困扰之一，绝大部分同学都是由于晚上睡觉时胡思乱想、压力过大、生物钟紊乱、情绪不稳定等因素引发失眠，后因不了解失眠的成因和调节方法，产生对失眠的恐惧感，进而导致恶性循环，部分同学为此还引发了其他的相关疾病。因此，了解失眠的成因和调节方法是解决失眠的前提。相信同学们通过这个案例对失眠会有一个初步的认识，并在以后的生活和学习中注意调节，减少或远离失眠的困扰。

真情寄语

失眠本身并不可怕，可怕的是我们对失眠本身的焦虑和恐惧！

施媛，高二文科班的学生。她最近快要崩溃了，因为舍友和同班同学都认为她是小偷，偷了舍友的钱包。她感觉特别委屈，因为她说自己并没有偷同学的钱，是不怀好意的人想栽赃陷害她，被人冤枉的心情坏到了极点。无奈之下，她走进了心理咨询室，想在这里洗清自己的罪名。她到底是被冤枉了，还是她本来就偷了别人的东西？让我们一起去感受她内心的煎熬吧！

05 我被人陷害了

◎ 引言 ◎

刚送走一位来访学生不到 10 分钟，我喝了口水，本想马上整理好这个案例的，结果咨询室的门又被敲响了。我怀着愉快的心情去开门，一位身材高挑、漂亮的女孩跃入我的眼帘，但她看上去情绪不太好。我连忙把她请进了咨询室，给她倒了一杯开水，她连声谢谢我！

"怎么，最近遇到烦心事了？"我关切地问道。

"嗯，觉得自己最近挺倒霉的。"她说道。

"怎么说呢！遇到什么不顺心的事了？"我鼓励她说出倒霉事。

◎ 我不是贼 ◎

"别人都说我是小偷！"她说道。

"是吗？为什么呢？"我惊异道。

"情况是这样的：昨天我们宿舍有一位同学锁在自己衣柜里的钱包丢了。丢了以后，她就要求每位同学都要打开衣柜让她检查，为了洗清自己的罪名，每个同学都打开了给她检查。她一件一件地从衣柜里找，找了几个都没有找到。最后到我的箱子了，她也是一件一件的找，找一件出来我就在床上整理一件衣服。她找了一会儿，悲剧发生了，在我衣柜的里面找到了她的钱包，钱包里的173元现金全部不见了，其他的东西都还在。这还有什么好说的，在我衣柜里找到就表明是我偷了她的钱包嘛！但我确实没有偷她的钱包，舍友都认为是我偷的。她们说即使我被陷害了的话，我当时的反应应该是暴跳如雷，但是当时发现钱包在我衣柜里时我的反应很平静。事实上是我真的没有偷她的呀！我冤枉呀！！可是没人相信我，我告诉了我父母，他们问我是不是我偷的，我说怎么可能！他们就相信我了。但是舍友和班里的同学都认为我是贼！！"她边说边哭了起来，越说越伤心。

"好，老师问你几个细节问题，帮你洗脱罪名。第一个问题，你和她的衣柜不都是锁着的吗，怎么会没损坏就从她的衣柜跑到你的衣柜了呢？"我问道。

"我和她的衣柜都用的是三位数的密码锁，她说在宿舍里经常对大家讲她的密码，人人都知道她的密码。所以我也知道她的密码！被偷了就说是我偷的。"她哭着说道。

"那你的密码别人不知道呀！别人不可能把钱包放在你的衣柜里呀！"我说道。

"我和她的衣柜是紧靠着的，我们经常一起开锁，难保她没看到我的密码，就三位数，一般一眼就记住了。我怀疑是她故意要陷害我。"她哭着说道。

"不会吧，她为何无缘无故栽赃陷害于你，难道她和你有仇？"我问道。

"嗯，我们曾经发生过矛盾，一直处于敌对状态，现在为止矛盾都还没有化解。别人不可能知道我的密码！最有可能的就是她报复我了。"她哭得更伤心了。

"你跟老师详细描述一下整个失窃过程好吗？包括她什么时候把自己

的钱包放在自己的衣柜里、到失窃、再到在你的衣柜发现钱包的整个过程。"我说道。

"昨天早上，我走得比较早，她和另外两位舍友最后离开宿舍，她俩看着她把钱包锁在衣柜后才走的。上课期间是没有人请假回宿舍的，即便有也会有登记，从生活老师那里的记录结果来看，没有人请假回宿舍。中午放学后，由于我的饭卡丢在宿舍了，所以我一个人先回到了宿舍，然后泡方便面吃。之后我还洗了头，等我洗完头后，有舍友就回来了。然后等她们吃完午饭回来后就发生了刚才讲的那一幕。我很冤呀，谁让我第一个回来呢，没有任何人给我证明，她们更加怀疑是我了。我也不知道怎么去证明我的清白。最后，为了要证明我的清白，我只能去派出所验指纹了。第二天我就让她用塑料袋将钱包装好，拿去派出所验指纹了。这是证明我清白的唯一办法了。否则我就一辈子背负'贼'的名分了。但是到现在为止，派出所的结果还没有出来。"她说道。

"嗯，通过你的描述也只有这个办法能证明你的清白了。等结果出来了不就真相大白了吗?"我说道。

"我也是觉得，但是要是查出来有我的指纹，那我不就更加洗脱不了罪名了。"她说道。

"如果你没有拿她的钱包，肯定不会有你的指纹。放心吧!"我说道。

"但是我怕我以前拿过，现在不记得了怎么办?"她说道。

"如果是很久以前的话，可能留下的指纹早就不见了，关键是这两天内!"我说道。

"那如果验出来没有我的指纹，有的同学也会说我作案时用橡胶手套或塑料袋将手包起来作案，那怎么办?"她说道。

"不会吧! 你只是一位学生，又不是那些惯犯! 不太可能会有这样的行为。这个你就不要多疑了。对了，发生这件事后，你们班主任怎么处理?"我问道。

"她说这件事可能永远都不会有结果了，让我做好心理准备。"她说道。

"是吗? 嗯，确实很有可能!"我说道。

"我跟班主任说我很难受时，班主任很生气地说难道被盗的同学就不难受了吗? 我明显感觉到班主任也怀疑是我!"她说道。

"班主任以前对你如何?"我问道。

"一般吧! 比现在好!"她说道。

"哦，可能是你们班主任为了这事也很烦吧!"我说道。

"我现在就是很烦这件事，我觉得很难受，她们个个都说是我偷的，在这个阴影里生活和学习，我真的受不了了。真希望指纹鉴定结果快点出来。"她说道。

"只要自己没有偷，不管别人怎么说，起码从天地良心来说，我不自责吧，我没偷就是没偷，早晚都会水落石出的。这点你必须要相信！你从这个角度去思考和理解这件事，我相信你内心会好受些的。"我宽慰她道。

"嗯，也只能这样了！"她说道。

"其实，在这个世界上生活总会有被人冤枉或诽谤的时候，但'身正不怕影子斜'，只要自己是个正直、品质优秀的人，不管别人怎么诽谤你，最终都会真相大白的。要相信自己！从你的描述来看，别人不相信你，起码老师是相信你的。"我再次宽慰她道。

"好的，谢谢老师信任我！"她终于露出了一丝难得的微笑。

"不客气，等结果吧！如果有任何事情可以随时再来找我。"我说道。

"嗯，谢谢老师！"她感谢后离开了心理咨询室。

◎ 调查结果 ◎

此后，我跟她们班主任有过沟通。班主任说派出所的人偷偷将她叫到一边后给她说："凭他们办案的经验以及这个同学的描述和眼神，钱包十有八九就是她拿了，不用验了，验出来问题更麻烦。就这样一直拖下去吧。"

后来她再次来找过我，我告诉她：派出所非常忙，这种事在他们那里是小事了，他们一天忙着处理大事都处理不完，哪有心思处理这些小事啊！可能永远都不会有结果了，他们不会帮你验的。不管怎么说！听了你的情况后，老师是非常相信你的，走自己的路让别人去说吧！

虽然我用善意的谎言欺骗了她，但这是没有办法的办法。我相信她通过这次也得了一个很大的教训，起码内心也经受了痛苦的煎熬。可能这就是成长吧！今天我把这个案例讲出来，目的就是告诫同学们，任何时候都不能做违背良心的蠢事。其实大家换位思考便知，想想被偷者的心情如何，换了是你的东西被偷了又如何。我鼓着勇气将这个案例写出来，也是真心想告诫那些有类似行为的同学，"要想人不知，除非己莫为"！任何时候都不要有侥幸的心理，否则长大后你将后悔不已。另外，那些已经犯过类似错误的同学也不要再自责了，只要保证从今以后不再做类似的事情就是好孩子，每一个人在小的时候都会做错事，这是成长中很正常的事，关键在于知错能改！！

真情寄语

苦海无边，回头是岸。知错能改，善莫大焉。

后 记

　　"中学生心灵自助丛书"从构思、写作到出版经历了整整十年的时间，是我们在一线从事中学心理健康教育工作的一个思考和总结。丛书自2007年4月首次发行以来，得到了广大读者的热心支持，我们收到了很多热心读者的来信，根据大家的来信建议，这次的精心修订更符合广大读者的阅读要求，希望你们喜欢并从中受益。

　　众所周知，中学心理健康教育的最高目标就是培养学生"助人自助"能力。我们这套书就是为了达成这一目标而努力的，期盼读者能从书中获得您所需要的各种心理健康知识、心理调节技巧和方法，从而更好地了解自我、认识自我、调节自我、发展自我，真正达到"助人自助"的目的。

　　目前，这套丛书的第一版已多次重印，累计印刷4万余册，这是大家对我们辛勤耕耘的最大肯定和鼓励，我们将继续努力写出更好的读物回赠大家，丛书第四部《心灵彩虹》正在撰写中，不久就会与大家见面。

　　需要特别感谢的是，丛书出版后，得到了各级教育行政部门的肯定和支持，丛书2010年参加桂林市第四届教育科研优秀成果评选荣获了著作类一等奖第一名；2011年暑假，重庆市教委将《心灵之友：中学生心理健康DIY》选定为"重庆市推荐中学生暑期优秀读书书目"；丛书出版至今，多个省市将该套丛书入选为中小学图书馆馆配图书和农家书屋配书。

　　这套丛书能够顺利付梓出版，得到了很多领导、老师和学生的帮助。

　　我国著名教育家、中国教育学会会长顾明远教授在百忙中为丛书作序让我们倍感荣幸、深受鼓舞，每次聆听顾老的教诲都是一次心灵的震撼和专业素养的提升，顾老先生为我们教育工作者做出了榜样，"活到老学到老"的终身教育理念在顾老身上体现得淋漓尽致，80多岁高龄的他每天坚持锻炼身体、看报、写微博、使用ipad上网等，让我们敬佩不已，借此机会表达我们对顾老先生的敬意与感谢！

后记

12 年来，我们在心理学领域走过的每一段路都离不开各个阶段很多老师的精心栽培和悉心教导。特别感谢北京师范大学檀传宝教授和傅纳副教授两位导师的悉心栽培，感谢授课老师：顾明远教授、许燕教授、王定华教授、马建生教授、张立成教授、朱志敏教授、熊晓琳教授、裴纯礼教授、王工斌副教授、张春莉副教授、苏立增副教授、焦青副教授、马利文副教授、郑葳副教授、苏君阳副教授、朱志勇副教授、李亦菲博士、李蓓蕾博士、邓林园博士、余清臣博士、董敏博士等。

难忘大学本科期间给予我们两位帮助和指导的老师们，是广西师范大学心理学系的全体老师带领我们走进了心理学的殿堂。大学期间，与白先同教授、沈阳副教授、文萍教授、李宏翰教授、陈振中教授、苏思慧副教授、余欣欣教授、廖昌荫教授、熊宜勤教授、高金岭教授、孙杰远教授、韦义平副教授、莫文副教授、邓健副教授、秦素琼副教授、吴素梅副教授、韩振华副教授、庞彬老师和罗钢副书记等前辈的学习和交流，让我们掌握了扎实的心理学理论基础。他们都是我们走入心理学领域的入门导师，没有他们悉心的教导，就没有我们的今天，也就不可能有这套书的问世。

最后，要特别感谢首都师范大学附属桂林实验中学为本书画漫画的学生们，是他们心灵手巧绘制的一幅幅漫画插图增添了本书的趣味性和可读性，他们是唐映雪、李丝丝、李京蔓、严淑凡、王雪、刘浩宇、陶青、汤玉洁、胡又嘉、于蕾婷、林骏翔、王蔚、王思廷、伍刘牛、史格骏、王磊、邓秀美、银珂、孙鹏、杨娅婷、黎斯恩、肖扬、王丽洁、张淳彬、赖博文、黄婧欢、廖婷玉、彭钰、叶露、吴秋华、余柳燕、廖楼云、刘香妍、廖书海、何可欣、文叶飞、朱晓泉、赵锦龙、王君豪、陆徽、张伟垚、文岐睿、罗尹祉东等。在此，向他们表示由衷的谢意！

衷心感谢广大读者对本丛书的关注和支持，正是有了你们的分享、交流与成长，才给了我们源源不断的信心和动力，祝愿大家身心健康、生活幸福！

高永金　张　瑜

2012 年 3 月